数学ひとり旅

ひとり旅

旅

中学1年

榊 忠男

読者のみなさんへ

「小学校のころ，私はあまり算数がとくいではなかった。中学へ行けば，もっとむずかしくなるだろうと考えていた。ところが，数学の時間は〝あっ〟というまにすぎてしまった。これはきっと数学が楽しかったからだと，私は思っている。それは，先生がゲームをするからである。私たちはゲームをしていると，数学を学んでいる気持ちにならないのである。が，いつのまにか私たちは，正負の数や方程式や関数などを学んでいたのである」

これは，わたくしが中学校の教師をしていたとき，わたくしの生徒であった1年生の柿野晴美さんが書いた「数学を学んで」というレポートの一節です。

でも，現実には，「算数ぎらい」の小学生は増えつづけています。そして，その一方で「中学生になったら，高校入試があるから，きびしい鍛練が必要だ」といって，「受験勉強のための塾」にかよう中学生が増えています。

わたくしは，人間はだれでも，たのしいから学習するのだ，と思います。もともと人間は，ほんとうは好奇心のかたまりなのですから，いろいろなことがわかり，自分のまわりの世界がどんどん広がっていくのがたのしくないはずはないのです。

そこで，すこしでも多くの中学生諸君に，柿野晴美さんのように「数学を楽しく学習」してもらいたいとねがって，この本を書くことにしました。

ほんとうは，わたくしと何人かの中学1年の友だちが集まって学習をしたいのですが，それはできません。そこで，あなたには「数学の国」の「ひとり旅」をしてもらうことにしました。でも，景色のいいところでは，だれかと話しあいたいと思

うでしょうから，2人の中学1年生と案内人を1人つけることにしました。
　紹介しましょう。

　[トモキ]──13歳・男・血液型B型・蠍^{さそり}座
　活発なブランコ大好き人間。ひらめき型で，頭に浮かんだことをどんどん発表する。「まちがうことはいいことだ」といった小学校時代の先生の教えをしっかり守っている。

　[ヒロコ]──13歳・女・血液型A型・牡羊座
　明るい性格の読書大好き人間。じっくり型で，筋道だった考え方をする。トモキとは幼稚園からのつきあいで，仲がよい。

　[案内人]──？歳・？・血液型？型
　トモキとヒロコの2人が，新しい国に旅をするとき，その国のことを説明したり，「みどころ」を紹介したりする。しかし，表面に立って2人をひっぱっていくということはない。

では，これから，「数学ひとり旅・第1巻」の内容を紹介しましょう。

〈数学ひとり旅・中学1年〉のマップ

1 正負の数の国

1. 赤と黒のゲーム
2. 符号のついた数
3. 負の数の大小
4. 負の数の加減
5. 負の数の乗除
6. 四則の混じった計算
7. 正負の数の使い方

2 文字と方程式の国

1. 「方程式」の広場
2. 「方程式の解法」の城
3. 「量と文字式」の森
4. 「いろいろな問題」の丘

3 比例と反比例

1. 「関数」の館
2. 「正比例」の館
3. 「反比例」の館

4 図形の国

1. 「平面図形」の町
2. 「空間図形」の町

5 整数の国

1. 「親友は220と284」のキャビン
2. 「互除法」のキャビン
3. 「最小公倍数」のキャビン

そして，この本で学習したことをもうすこし練習してみたいと思ったら，わたくしが編集をした『らくらく数学テキスト・中学1年』（太郎次郎社）を利用してください。このテキストは「たのしく学習して入試問題も解ける」ことをねがってつくられていますから，きっと役立つと自信をもっておすすめします。

　　　1990年5月

榊　忠男

　2002年から，中学校での学習内容が変わります。数学もいくらか変更されますので，これを機会に，もう一度，この本の内容を考えてみました。その結果，わたくしとしては，一部の内容を入れ替えさえすれば，中学校で学ぶべき数学として，またさらに先の数学を学ぶためにも，十分に役立つものと思いました。

　そこで，中学校で学習する内容に加えて，さらにすこし進んだ内容をとりこんで新しく構成することにしました。

　きっと，数学の楽しさ，有用性が理解していただけると確信しています。

　　　2000年10月

榊　忠男

数学ひとり旅　　中学1年　　　目次

第1章
正負の数の国

I ● 赤と黒のゲーム

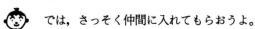 ここは正負の数の国です。学校の授業をのぞいてみましょう。トランプ・カードを使ってゲームをしています。この国では，だれでもいっしょに学習ができるんですよ。やってみませんか。

では，さっそく仲間に入れてもらおうよ。

でも，ゲームのやり方がわからないから，すこし見学してからにしましょうよ。

ここにゲームのしかたが書いてあるよ。

〈準備〉　（4人でやる場合）

① A〜4までのトランプ・カード16枚とジョーカー1枚の合計17枚
  （エース）

② 表

名まえ	1回	2回	3回	4回	5回	総計	順位
トモキ							
ヒロコ							
合計							

〈ゲームのやりかた〉

① 赤カード（ハート・ダイヤ）は財産，黒カード（スペード・クラブ）は借金と

して，その金額は，それぞれのカードの数に「万円」という単位をつけたもの

とする。たとえば，ハートの３は３万円の財産（このカードをもっていれば，３

万円もらえる），スペードの２は２万円の借金（このカードをもっていれば，２万

円はらう），ジョーカーは財産でも借金でもない。

３万円の財産

２万円の借金

財産でも借金
でもない

② ジャンケンをして親をきめる。親はカードをよくきって順に配る。このとき，

親は１枚多くとる。

③ ババぬきの要領で，親になった者から順に自分の右どなりの人にカードを１

枚ぬかせる。

④ 初めのひとまわりが終わった以後なら，カードをぬかれた瞬間だけ，そのぬ

かれた者がストップをかけることができる。

⑤ ストップがかかったら，ゲームを中止して，それぞれの者が自分のカードの

金額を合計して親にいう。

⑥ 親はそれを表に記入して，全員の財産と借金の合計がぴったりあうことを確

かめる。

⑦ ストップをかけた者より金持ちがいたときは，ストップをかけた者のカード

ともっとも貧乏な者のカードをそっくり取りかえる。

⑧　親を順にかえてゲームをつづける。

⑨　5回やったらゲーム終了。それぞれが自分の金高を総計して順位をきめる。

ヒロコ

トモキ

　　これで1回目は終わりましたね。結果を自分で計算して表に記入してください。案内人の私が借金5万円で，この国のAさんは財産2万円です。

　　私は，財産が4万円と3万円で7万円，借金が2万円と1万円で3万円，けっきょくは4万円の財産よ。お金持ちでしょう。

　　残念，ぼくは1万円の借金だ。

　　私は，計算するときにわかりやすいと思って，赤いカードと黒いカードをべつべつに集めて計算したんだけど，トモキくんは赤と黒がまじっているのに，すぐに1万円の借金なんて……。

　　ああ，このダイヤの3とクラブの3は，財産と借金がおなじ金額ということだから，「帳消し」になってしまうでしょ。ジョーカーは0みたいだから計算には入れない。つまり，ハートの1とスペードの2だけ計算すればいいって思ったのさ。

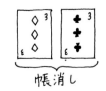
帳消し

　　さすがヒラメキのトモキくん。うまい方法をみつけたわね。トモキ流でやれば，私の手もクラブの2と

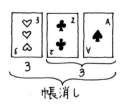
帳消し

スペードの1で借金が3万円，それと

ダイヤの3が財産の3万円で帳消し，だから残りのハートの4で4万円の財産とい

うことになるわけね。

　　　では，ぼくが借金1万円，ヒロコさんが財産4万円とこの表に書けばいい

ね。でも，借金とか財産とかなんていちいち書くのはめんどうだから，㋛㋕でもい

いんじゃないかな。

　　　そうね。ゲームをやっている人たちがわかればいいんですものね。

　　　では，2回目をやろうよ。

- -

　　　たのしそうでしたね。だいぶゲームになれたようですから，ルールを1つ

追加しましょうか。

⑩　自分がいちばん貧乏だと思ったら，やはりストップがかけられる。これを，

　　ビリストップという。そして，たしかにそうであれば，全員の財産と借金のカ

　　ードをぜんぶ反対にする。

というものです。どうですか。

　　　賛成。さっきは運が悪くて，黒カードばかりひいてしまってまいったけれ

ど，このルールがあれば，逆転優勝できたよ。

　　　では，カードを配ります。

- -

　　　はい，ビリストップ。借金の5万円。

あら，私もおなじよ，ほら。こういう
ときはどうするのかしら。

自分とおなじ者がいたら，やっぱり負
けになるんじゃないかな。ヒロコさんがトップ
で，ぼくはビリだと思うよ。

そのとおりです。しかし，ゲームに参加した人たちが了解すれば，ルール
はどのように変えてもいいのです。そうやって，自分たちでどんどんたのしいゲー
ムにしていくことを，この国の人びとは大切にしているのです。たとえば，あのと
なりのグループでは，いまのような場合，ビリストップは成立しなかったとして，
カードどおりの計算をすることにしています。

では，ぼくたちのルールでゲームを進めよう。

 （解答は250ページ）

1 つぎのカードの合計を求めましょう。

①

②

③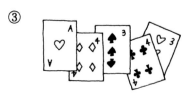

④

2 ● 符号のついた数

　　すっかり「赤と黒のゲーム」に熱中してしまいましたね。そろそろ，この国の子どもたちとゲームができますよ。やってみませんか。

　　そうですね。では，ちょっととなりのゲームをのぞいてみようか。

　あれ，ここでは，表に記入するとき，ぼくたちのように㋛㋡ではなくて，⊕とか⊖とかを使っている。そうか，㋛が⊕で，㋡が⊖だね。

　　こちらのグループでは，㋛のかわりに＋，㋡のかわりに－という記号を使っているわ。このほうがかんたんね。

　　そうですね。この国では，「符号のついた数」を使っているのです。この「符号」をつけることによって，

正反対の性質をもつ量

がうまく表わせます。

　　そうか，財産と借金は正反対の性質だからですね。

　　これは，小学校で習った＋（たす）と－（ひく）という記号とおなじもので，やっぱり「たす」「ひく」と読むのですか。

　　きみたちも耳にしたことがあるでしょうが，この符号は，＋（プラス），－（マイナス）と読みます。そして，トモキくんが見たグループのように，たす・ひくという計算の記号と区別するため，⊕⊖のようにすることもあります。

$$\boxed{\begin{array}{l} ⊕\ 5 \\ ⊖\ 3 \end{array}}$$

しかし，あまり記号をふやすのもやっかいだし，どちらの意味で使っているかを文脈のうえで判断できるようになれば，いずれは混同してしまうほうが便利ですから，この国の人びとのように＋（たす）・−（ひく）とおなじ記号を使うのがふつうなのです。

 そのプラスとマイナスのついた数のことを正負の数っていうのでしょう。

 どうして，正負の数っていうのですか。

数学の歴史，つまり数学史のなかではじめて正負の数について述べたのは，古代中国の『九 章 算 術』(きゅうしょうさんじゅつ)（紀元1世紀ごろ？）という本で，そのなかでは「正（チェン）」「負（フ）」といい，正の数は赤い算木で，負の数は黒い算木で表わされています。また，算木が色分けされていないときは，まっすぐにおけば正，斜めに棒を1本のせれば負を表わすことにしていたのです。

『文明における数学』
黒田孝郎著，三省堂

 それで，トランプの赤が正，黒が負なんですね。

 でも，日本では黒字とか赤字とかいうから，正の数を黒，負の数を赤にしたほうがわかりやすいかもしれないわね。

$$3 + (3 \times {}^-1) = (3 \times 1) + (3 \times {}^-1)$$
$$= 3(1 + {}^-1)$$
$$= 3 \times 0$$

$$^p4 + {}^m2 + {}^m3 + {}^p7 + {}^m8$$
$$= (^p4 + {}^p7) + (^m2 + {}^m3 + {}^m8)$$
$$= {}^p11 + {}^m13 = {}^m2.$$

外国の教科書と中国の算木

そのとおりかもしれませんね。どうきめるかは約束すればいいわけです。

ところが，古代世界では，文明が発達したところでも，中国以外のところでは負の数を認めなかったのです。

たとえば，ギリシアの数学者ディオファントス（3世紀）は，負の数の答えがでるような問題では，問題そのものが不合理であるとして，そういう問題はさけてしまいました。

負の数についてはっきりと認めたのは，インドの数学者ブラマグプタ（598〜660？）で，これらの数についての計算規則

ピサのレオナルド
（1170〜1250？）

を述べたりしています。しかし，おなじインドのバスカラ（1114〜1185？）は，世間の人びとが認めない負の数は答えとして不適当だといっていますから，まだ社会的にははっきり認められたというわけではないのです。

やがて，インドやアラビアの数学をヨーロッパに伝えた，ピサのレオナルド（1170〜1250？）が，借金については負の数を認めました。この「プラス」「マイナス」ということばも，レオナルドが用いたものです。

ただし，プラス・マイナスという符号をじっさいに印刷物に使ったのは，ドイツのウィッドマン（15世紀）で，過不足を表わすのに用いたのがはじまりです。

しかし，負の数が正の数と対等な地位を占

符号としての最初の＋と−
ウィッドマンの算術書（1489年）の1526年版
から写したもの

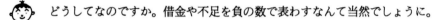

めることができたのは，17世紀にはいってからのことです。

どうしてなのですか。借金や不足を負の数で表わすなんて当然でしょうに。

それは，私たちがプラスやマイナスということをよく使っている時代に生きているからじゃないのかしら。

さすがにスルドイですね。昔は，0（ゼロ）というのは「無」のことで，「なにもないものより小さい」数というのは考えにくかったのでしょうね。

それと，もし負の数を数の仲間に入れるとすると，その数の計算のしかた，つまり四則計算の規則をつくらなければならないわけです。たとえば，「負の数÷負の数」というのはどういうことなのかわかりますか。

え，「借金÷借金」ってどういうこと？

そうね，「借金＋借金」なら，たとえば，2万円の借金と3万円の借金をあわせれば，5万円の借金ということでわかるけど，わり算はね……。

でも，その説明がつくから，負の数も数の仲間に入れることができたわけでしょう。

まさにそのとおりですね。でも，そのことはあとで考えることにして，もうすこし負の数がどのように使われているか，また，使えるかを調べてみましょう。

そうね。たとえば，温度は0℃より上はプラスの温度だし，下はマイナスになるわ。

山の高さは海抜というけれど，これはプラスで表わせるし，海の深さは水

深で，これはマイナスで表わせるよ。

 では，ちょっと変わったマイナスの使い方を紹介しましょうか。

7月東の空

5日午後9時
20日午後8時

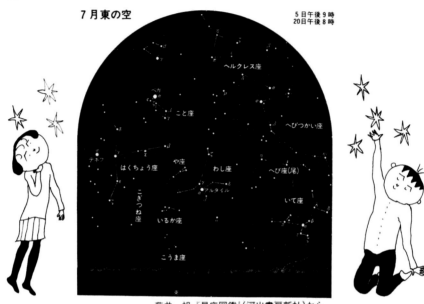

藤井　旭『星座図鑑』(河出書房新社)から

七夕の宵，わし座のまんなかに明るい星があります。アルタイル(牽牛星)といわれる1等星です。そして，天の川をはさんで，こと座のなかでいちばん輝いているのがベガ(織女星)で，0等星。そして，ベガはアルタイルより明るいのです。

 ベガより明るい星はないのですか。

あります。シリウスはマイナス1等星。明けの明星とか宵の明星とかよばれる金星はマイナス4等星です。そして，満月はマイナス12.5等星，太陽はマイナス26.8等星というように表わされます。

星の明るさ

星の明るさは等級という数で表わされますが，これはギリシア時代にヒッパルコスという人が始めたもので，第1級の明るさの星を1等星，それにつぐものを2等星というように区分して，肉眼でやっと見える星を6等星としました。

ところが，望遠鏡が発明されて，肉眼では見えない星まで見えるようになってきたので，19世紀のなかごろ，イギリスのボグゾンという人が，「明るさが2.512倍だけ増すと，等級は1等だけ減る」と定めることを提案して，それが現代にも用いられているのです。

この2.512倍というのは，どのようにしてだされた数値なのでしょう。じつは，1等星は6等星の100倍の明るさになっていたので，6等星から1等星まで5段階で100倍にするには，5回かけあわせて100になる数を求めなくてはなりません。この5回かけあわせると，100になる数が2.512なのです。

$$2.512 \times 2.512 \times 2.512 \times 2.512 \times 2.512 = 100.0226$$

こうして，等級を上と下に拡張して，6等星の$\frac{1}{2.512}$の明るさが7等星，0等星の100倍の明るさがマイナス5等星というように表わすのです。

 ヘエー，星の明るさにマイナスを使うなんて驚いたな。

でも，いちばん明るい1等星より明るい星が見つかったら，0（ゼロ）を使い，もっと明るい星が出てきたらマイナスにするなんて，すばらしい知恵ね。

それにしても，太陽がマイナス26.8等星だなんて，ズバぬけた明るさなん

だね。

（解答は250ページ）

1 ある地点から東へ3kmの地点をプラス3kmと表わすと，西へ5kmの地点はどう表わせますか。

3 ● 負の数の大小

 ところで，負の数を数の仲間に入れるためには，大切なことをきめなければなりません。この国では，それをどうきめたと思いますか。たとえば，不等号を使っていうと，－5＞－3か－5＜－3かということです。正の数では＋5＞＋3ですね。

 －3は3万円の借金で，－5は5万円の借金だから，借金の量としては，5万円の借金のほうが多いから，－5のほうが大きい。

 でも，5万円の財産のほうが3万円の財産より多いから，＋5のほうが大きいでしょう……。ところが，正の数と負の数は性質が反対なのだから……。

 いいところに気がつきましたね。もうわかったと思いますが，正の数というのは，いままで小学校で習ってきた0より大きい数のことですね。つまり，＋5とは5のことで，＋3は3のことです。

そして，0より大きい数というのは，0を起点として右にのびる直線上に目盛ることができましたね。では，負の数はどうしたらもっとも合理的でしょうか。

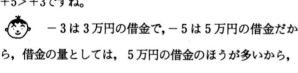

 正の数が右へのびるなら，負の数は左へのびる。

でも，負の数をどう目盛るのかしら。

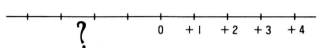

うーん。正の数とおなじように0から左へ−1，−2……と目盛ればいいんじゃないかしら。つまり，

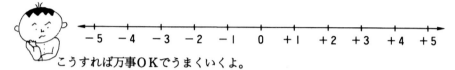

こうすれば万事OKでうまくいくよ。

そうね。符号のない数の部分が大きくなると，正の数の場合は数として「大きく」なるし，負の数の場合は「小さく」なるから，性質は正反対ね。でも，そうすると，−3のほうが−5より大きくなるわ。

$$-5 < -3$$

そうだね。「赤と黒のゲーム」でも，3万円の借金のほうが5万円の借金よりよかったものね。借金は少ないほど財政状態はいいということだし。

そのとおり。この国の人びともそう考えることにしたのです。ついでにいいますと，「符号をとった数の部分」ということを絶対値といいます。

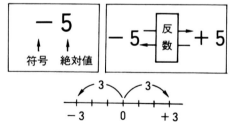

そして，符号がちがっていて絶対値がおなじであるような2つの数を，おたがいに反数であるといいます。絶対値は0からの距離を表わしているともいえますね。

さっきのゲームで，トモキくんがダイヤの3とクラブの3で帳消しにした

けど，これが反数だったのね。

帳消し

　分数の計算を習っていたとき，分子と分母をいれかえた数を逆数っていうといわれたね。またここで反数なんてでてきて，混乱してしまうな。あんまりいろんなことばがないほうがいいな。

　でも，「ことば」があるから便利なこともあるんじゃないの。反数と絶対値だって，もしなければ，「符号がちがっていて，しかも符号をとっただだの数の部分がおなじである2つの数」なんていわなければならないのよ。

　なるほどね。それに「性質が反対の数」というのを省略して反数というんだとおぼえれば，かんたんだしね。

　そうですね。もともといろいろなものやことがらにつけた「名まえ」は，そのことを簡潔に表わすためのものですからね。数学は「暗記」する学科ではありませんが，最小限のことがらは覚えないといけませんね。

　それに数というのは言語によく似ているのです。言語でも，「上・下」とか「右・左」のような正反対の意味をもつ一対のコトバを反意語といいますが，反数は数の世界の反意語だと考えるとよくわかるでしょう。

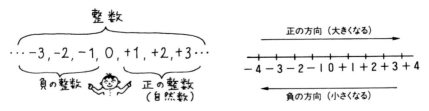

整数

$\cdots -3, -2, -1, 0, +1, +2, +3 \cdots$

負の整数　　　正の整数（自然数）

正の方向（大きくなる）

$-4 -3 -2 -1\ 0 +1 +2 +3 +4$

負の方向（小さくなる）

（解答は250ページ）

1 絶対値が3より小さい整数を小さいほうから順に書きましょう。

┌─**ワンポイント・コーナー**─────

逆数

　かけると1になる2つの数をたがいに逆数といいます。たとえば，$\dfrac{3}{5} \times \dfrac{5}{3} = 1$ で，$\dfrac{3}{5}$ と $\dfrac{5}{3}$ はたがいに逆数です。簡単にいうと，分数の分子と分母を入れかえた（逆にした）数です。

反数

　たすと0になる2つの数をたがいに反数といいます。たとえば，$(-3) + (+3) = 0$ で，-3 と $+3$ はたがいに反数です。簡単にいうと，数の符号を入れかえた（反対にした）数です。

└─────────────────

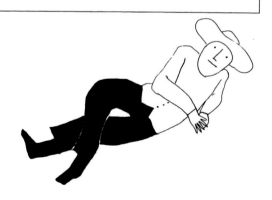

4 ● 負の数の加減

●加法

負の数が数直線上に目盛れたことによって，数の仲間入りしたわけですが，数として有効な働きをするためには，もうひとつ大切なことがありますね。

わかった。計算ができることでしょう。

そうね。小数でも分数でも，新しい数が生まれると，それにあった計算の規則を教わったわね。でも，こんどは私たちで考えてみない？

借金＋借金＝借金だね。2万円の借金と3万円の借金をあわせると，5万円の借金だから。つまり，

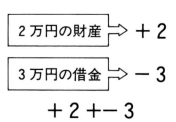

　　　（負の数）＋（負の数）＝（負の数）

というわけだね。

（正の数）＋（正の数）＝（正の数）ね。では，

　　　（正の数）＋（負の数）

はどうなるのかしら。

　たとえば，2万円の財産と3万円の借金……。ああ，もう，正負の数を使ったほうが書くのにラクだから使いましょう。

「万円」というのもめんどうだから省略しようよ。そうすると，

$$+2+-3$$

あれ，「たす」と「マイナス」がつづいてしまってわかりにくいね。「マイナス」は⊖のほうがわかりやすいよ。そうすると，式は，⊕2＋⊖3ということになるね。

 でも，さっき，ふつうはおなじ記号が使われるということだから，かっこをつければ，区別できるんじゃないかしら。そして，正の数とか負の数

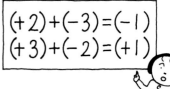

とかいうことがはっきりわかるように「数」のほうをかっこに入れるといいと思うけど。

 ヒロコさんのほうがなんとなくいいかな。では，ぼくもヒロコさん式にしよう。そうすると，

$$(+2)+(-3)=(-1)$$

ということだね。これで，

$$(正の数)+(負の数)=(負の数)$$

だね。

でも，(正の数)＋(負の数)＝(負の数)と書いたら，正の数と負の数をたしたら，いつでも負の数になるということになるでしょう。でも，(＋3)＋(－2)＝(＋1) ということもあるわよ。

すると，

$$(正の数)＋(負の数)＝(正の数か負の数)$$

というのじゃ，「規則」にならないね。

$$(+2)+(-3)=(-1)$$
$$(+3)+(-2)=(+1)$$

ちょっと待って，この2つの式を見て。両方とも答えをだすときは，

$$3 - 2 = 1$$

とやってから，正の数のほうが大きいか……ではなくて，正の数のほうの「絶対値」が大きいか，負の数のほうの「絶対値」が大きいかによって「符号」がきまっているわ。

（イラスト）　できましたね。それでいいのです。そのことをこの国の人びとは，つぎのようにまとめています。

　2つの数の和を求めるには，

[1]　同符号なら，絶対値の和に共通の符号をつける。

[2]　異符号なら，絶対値の差に絶対値の大きいほうの数の符号をつける。絶対値が等しければ，和は 0 である。

（イラスト）　そんなめんどうな規則は覚えなくても，借金と財産と考えればできますよ。

（イラスト）　そうですね。意味がわかって，計算が実際できることがいちばん大切なことですね。ただ，「規則」としてまとめておくということも，全体のしくみを理解するのに役立ちます。

（イラスト）　私たちはトランプ・ゲームで正負の数のたし算をやっていたんですよね。そのときは2つの数ではなくて，5つの数のときもやりました。たとえば，こういう場合。

［ヒロコ式］　$\underline{(-1)+(-2)}$ ＋ $\underline{(+4)+(+3)}$ ＋ 0 ＝ $(+4)$

　　　　　　　(-3)　　＋　　$(+7)$

　　　　　　　　　　↓
　　　　　　　　　$+4$

　このやり方も「規則」でまとめることができるのですね。小学校 4 年のときに習ったわ。

　1 つは、「加えられる数と加える数を入れかえてもよい」というもの。もう 1 つは、「3 つ以上の数を加えるときは、どんな順序で加えてもよい」というのね。トモキくんが「帳消し」をやったのは、あとのほうの規則だし、私がおなじ符号の数を集めたのは、まえの規則よ。

$$\begin{cases}(-1)+(+4)+(-2)\cdots\cdots\cdots\\(-1)+(-2)+(+4)\cdots\cdots\cdots\end{cases}$$

$$\begin{cases}\cdots\cdots\cdots(+3)+(-2)+(-1)\\\cdots\cdots\cdots(+3)+(-3)\end{cases}$$

　　　そうですね。この規則もまったく「あたりまえ」のことですね。でも、いちおう、きちんとしておきましょうか。正負の数の世界でも、右のように、

①$\triangle+\square=\square+\triangle$
　　　交換法則
②$(\triangle+\square)+\bigcirc=\triangle+(\square+\bigcirc)$
　　　結合法則

交換法則と結合法則

は成り立つのですね。

　　　トランプのカードで考えれば、どう集めても、どこからたしても、けっきょく、おなじだということでしょう。あたりまえですね。

　　　そう。もともと学問というものは、その「あたりまえ」のことをつみ重ねたものにすぎないのです。だから、よく考えれば、だいじなことはだれにでもわか

るはずなのですね。数学だってそうなのだと，この国の人びとは思っています。

●減法

　正負の数のたし算はできたから，こんどはひき算をやってみない？　これも，いくつかの場合にわけて考えてみる？

　　　　　（負の数）－（負の数）＝？

　あら，はじめからダメね。答えは正の数だったり，負の数だったりで……。

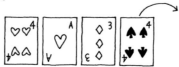　まてよ……。たし算は「合わせる」ことで，ひき算は「取りさる」ことでしょう……。あれ！　さっきのトランプ・ゲームでやってるじゃないの。たとえば，ぼくの手がこうだったとする。

　ここから，スペードの4を「取りさる」，つまり，ひくと，いままで「帳消し」になっていた（ハートの1とダイヤの3）が「生きかえってくる」から，合計が4増えることになる，つまり，

　　負の数をひくことは正の数をたすこと

になるよ。

　さすが，ヒラメキのトモキくんね。

　いや，さっきのゲームで，ヒロコさんが取ってくれないかと願っていたら，

取ってくれたのがすごくうれしかったので，印象に残っていたんだよ。

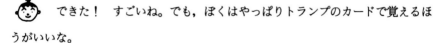 私はとてもくやしかったけどね。そうすると，規則はどうなるのかしら。おなじことは，正の数をひくことにもいえるから……そう，「反数」ってうまいコトバがあるから，それ，使えるわ。つまり，こうね。

ある数をひくことは，その数の反数をたすことである。

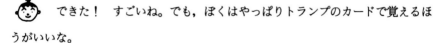 できた！　こうすれば，たし算だけ知っていればいいわけだから，すごくラクだね。

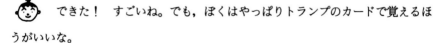 では，ひとつ問題を作ってやってみましょうよ。

$$(+4)+(-2)-(-3)-(+7)$$
$$=(+4)+(-2)+(+3)+(-7) \quad ①$$
$$=(+4)+(+3)+(-2)+(-7) \quad ②$$
$$=(+7)+(-9) \quad ③$$
$$=(-2)$$

つまり，数学的にいうには，こういえばいいのね。

① 減法は加法になおす。

② 交換法則を用いて式をかえる。

③ 結合法則を用いて式をかえる。

④ 2つの数の和を求める。

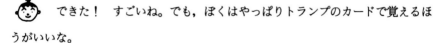 できた！　すごいね。でも，ぼくはやっぱりトランプのカードで覚えるほうがいいな。

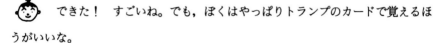 すばらしいですね。2人だけで，正負の数の計算規則のうち，加減につい

ては完成させましたね。では，もうすこしだけつけ加えておくことにしましょう。

　数学では，なるべく簡潔にしておこうという習慣があるので，加法だけの式にしたら，（　）と「たす」の記号を省略するのです。

$$(+4)+(-2)+(+3)+(-7)$$
$$=+4-2+3-7$$

　そして，さらに，先頭の数のプラスの符号も省略します。さきほどの問題では，つぎのようになります。

$$(+4)+(-2)-(-3)-(+7)$$
$$=(+4)+(-2)+(+3)+(-7)$$
$$=4-2+3-7$$
$$=4+3-2-7$$
$$=7-9$$
$$=-2$$

　ついでにつけ加えておくと，数の正負を示す「プラス・マイナス」のマークのことを「符号」といい，計算を示す「たす・ひく」というマークのことを「記号」とよんで区別することにします。

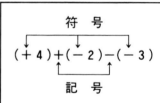

　ちょっと待ってください。そうすると，「5−3」という式は，「5ひく3」なのか「5マイナス3」なのか，どっちなのですか。

　どちらでもいいのです。どうですか，その理由を考えてみませんか。

　「5ひく3」というのは，$(+5)-(+3)$という式で，$+5$と$+3$は正の

数で，これは小学校で習った 5 と 3 のことだから「5 ひく 3」になるわけ。そして，「5 マイナス 3」というのは，（＋5）＋（－3）という式で，（ ）と「たす」の記号を省略して，先頭の「プラス」の符号を省略した，ということでしょう。

うわあー。記号とか符号とかめんどうだな。やっぱり，ぼくはトランプ・カードを思いだしてやるほうがよくわかっていいや。

そうですね。数学というものは，もともとわたしたちの社会現象や自然現象をうまく処理するためにつくられたものですから，いつも現実や現象にうつして考えてみることは大切ですね。それを図式的に示すと，つぎのようになります。

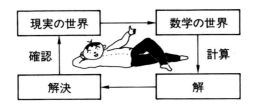

このような全体を学習するのが，きみたちが数学を学ぶ目的です。このことによって，きみたちの自然や社会をみる眼が広く深くなっていくわけですね。

もんだい （解答は250ページ）

1 つぎの計算をしましょう。

① （－2）＋（－4）　 ② （－3）＋（＋3）

③ （＋4）－（－3）－（＋5）＋（－4）

④ 4－5＋6－5－3　 ⑤ 0－5＋（－2）

2 減法では，交換法則は成り立ちますか？

5 ● 負の数の乗除

●乗法

では，こんどは「乗除の広場」へ行ってみましょう。ここでも，人びとが何人かずつ集まってゲームをしていますね。

いま考えていたんだけど，「マイナスかけるマイナス」ってどうなるんだろう。「借金×借金」ってどういうことだろう。

そうね。おかしいわね。あら，ここの看板になにか書いてあるわ。

スタンダールの疑問

昔，フランスの文豪スタンダールは，つぎのような疑問を書いている。

「……負の量をある男の負債だとしよう。一万フランの負債に五百フランの負債を乗じて，どのようにして，この男は五百万フランの財産をえるにいたるだろう？……」

このスタンダールの疑問を，われわれはみごとに解決したのである。

え，そうすると，

（マイナス）×（マイナス）＝（プラス）

ということなのか。

でも，どうしてかしら。

まず，どういうときに「かけ算」ができるか，というと，

（1あたり量）×（いくつ分）＝（全体の量）

ということでしょう。

 それ，どういうこと？

 かけ算というのは，ふつう，

「1個あたり50円」の品物の「3個分」では「150円」

というような場合の計算のことなのよ。小学校で習ったでしょ。

 そんな気もするな。

 だから，もし，かけ算になるなら，

（マイナスの1あたり量）×（マイナスのいくつ分）

＝（プラスの全体の量）

ということを考えることが必要になるわね。

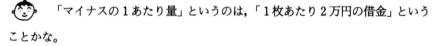 「マイナスの1あたり量」というのは，「1枚あたり2万円の借金」ということかな。

つぎに，「マイナスのいくつ分」というのは，どういうことだろう……。ゲームで考えると，「1枚あたり（－2）万円」のカードを「（－3）枚分」……。

 そうね。「3枚分」についてのプラスとマイナスが必要ね。

 まてよ。ゲームで3枚分「取ってくる」と考えれば，これはプラスで，「取られる」と考えると，これはマイナスじゃない。つまり，

（1枚あたり2万円の借金）×（取られる3枚分）

＝（6万円の財産）

これならわかるんじゃない。借金を取られれば，「帳消し」になっていた財産が生きかえるんだから。このことを，

$$(-2)\times(-3)=+6$$

と表わすことにすれば，数学になるんじゃないかな。

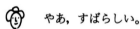　やあ，すばらしい。

　プラス・マイナスを財産・借金で説明することは，インドのプラマグプタ（7世紀）から用いられていたし，おなじくインドのバスカラ（12世紀）は，「財産と財産の積，借金と借金の積はともに財産であり，財産と借金の積は借金である」といっています。しかも，18世紀の大数学者オイラーもこの説明を使っているのです。

　スタンダールも，こう学校で習ったのでしょうね。そして，その当時の「秀才」たちのことをスタンダールはつぎのように皮肉っています。

　「負に負をかけることにたいする私の疑問を秀才のひとりにたずねると，彼は頭から笑ってとりあわなかったのをはっきり思いだす。ほとんどみんなが，ポールーエミール・ラセールのように，それを暗記しているだけなのだ」（スタンダールの自叙伝『アンリ・ブリュラールの生涯』）

　世にいう秀才というのはこんなものですかね。ほんとうの秀才のスタンダールは数学がよくできた「数学少年」だったのですが，きっとこんなことで数学に失望して数学者にならなかったのでしょうね。それで文学の道を選び，「文学青年」になり，やがて世界の文豪になったのです。

　ほんとうの数学の学習というのは，「疑問」をもつことから始まるのですね。

この国の人たちもあなたたちとおなじように考えたのです。ゲーム好きなので, ゲームをしているうちに気がついたのだといわれています。

そう。ぼくもさっきのゲームで一度にスペードの4を2枚とられたらすごくトクだなと思ったんですよ。でも, これで, かけ算の規則はつくれたね。

そうね。クラブの3を2枚取られると, こうなる。

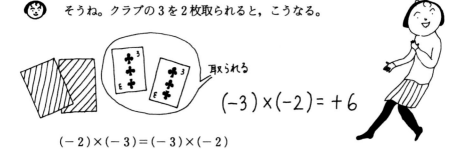

$$(-3) \times (-2) = +6$$

$$(-2) \times (-3) = (-3) \times (-2)$$

で, かけ算の交換法則が成り立つから, かけ算の規則はかんたんにまとめられるわ。加法のときにあわせると, こうなるわ。

2つの数の積を求めるには,

1 同符号なら, 絶対値の積に正の符号をつける。

2 異符号なら, 絶対値の積に負の符号をつける。

この国の人びとが考えたことをもうすこし追加しておきましょう。

それは,「反数をつくる」という, マイナスのマークの使い方です。

つまり, マイナスのマークには,

① ひき算という計算の記号

② 負の数という量の符号

③ 反数をつくるという操作の記号

という，3つの役わりがあるのです。

③については，

$$-(-5)=(-1)\times(-5)$$

というように，(−1)をかけることの
省略である，というふうに考えること
もできます。

では，3つ以上の数の乗法について考えてください。

 3つ以上の数のかけ算，というと，あ，結合法則のことですね。ちょっと
やってみましょうか。

$$\{(-2)\times(-3)\}\times(-4) \qquad (-2)\times\{(-3)\times(-4)\}$$
$$=(+6)\times(-4) \qquad\qquad =(-2)\times(+12)$$
$$=-24 \qquad\qquad\qquad =-24$$

これは成り立ちますね。

そうね，乗法にも結合法則は成り立つわね。

$$\{\triangle\times\square\}\times\bigcirc$$
$$=\triangle\times\{\square\times\bigcirc\}$$

 それに，いま，おもしろいことに気がつい
たよ。

いくつもの正負の数をかけあわせると，答えの数字は，全部の数をかけたものだ
し，符号は，マイナスの数が奇数個ならマイナスだし，偶数個ならプラスになって
いるんだ。

そうね。それも，規則として，きちんとまとめてみましょう。

3つ以上の数の積を求めるには，

1. 符号は，負の数が偶数個ならば，＋（プラス）をつける。

　　　　負の数が奇数個ならば，－（マイナス）をつける。

2. 絶対値は，それぞれの数の絶対値の積になる。

　　そうですね。1つだけつけ加えておく
と，×の記号は省略することがありますが，×の
記号の後ろにくる数につけた（ ）は省略しませ
ん。

-3×-4
とは書きません

　では，この2つの式のちがいがわかりますか。

$$(-3)^2 \quad と \quad -3^2$$

　　（ ）のある場合とない場合ですね。カンタン，カンタン。

$$(-3)^2 = (-3) \times (-3) \qquad -3^2 = -\boxed{3 \times 3}$$
$$= +9 \qquad\qquad\qquad = -9$$

になります。

　　すごいわね。

　　（ ）はもともと「手でかこった形」からつくられたって習ったでしょう。
（ ）の右上の小さな2は，m^2という記号を習ったとき，m×m，つまりmを2個
かける，ということからつくられたのだっていわれたのを思いだしたのさ。

だから，（－3）²は（－3）を2個かけるということだと思うよ。また，わざわざ（　）をつけない－3²というのは，きっとマイナスの符号は「2個かける」ということからはずした，つまり，3だけ2個かけるという意味にちがいない，と，まあ，こう推理したわけ。

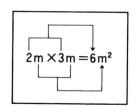

$$2m \times 3m = 6m^2$$

やりますね。「式」というのは，できるだけ簡潔で，しかも，まちがいなく「あることがら」を表わしているのですから，いまのように，きちんと考えることはとても大切なことですね。

ただ，わかりやすくするため，$-3^2=-(3 \times 3)$のように表わすことにしましょう。

なるほど，そうすれば，「3×3」をやった結果に「－」をつける，ということがよくわかりますね。

●除法

いよいよ残りは除法ですね。これも，さきほどのゲームをもとにして考えるといいですよ。ヒントをあげましょう。「結果」からカードの中身を考えることです。

クラブの3を2枚とられると，6万円の財産，そしてカードの中身を考えるということは，

「同じカードを2枚とられたら，6万円の財産になった。取られたカードはどんなカードですか」

ということ
ですか。

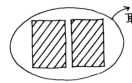

$$\left(\boxed{?}\right) \times (-2) = +6$$
$$\left(\boxed{?}\right) = (+6) \div (-2)$$

$\boxed{?}$ は -3 だったのだから,

$$(+6) \div (-2) = -3$$

ということかな。

 あとはかんたんね。

$$(+3) \times (+2) = +6 \longrightarrow (+6) \div (+2) = +3$$
$$(+3) \times (-2) = -6 \longrightarrow (-6) \div (-2) = +3$$
$$(-3) \times (+2) = -6 \longrightarrow (-6) \div (+2) = -3$$
$$(-3) \times (-2) = +6 \longrightarrow (+6) \div (-2) = -3$$

 これを見ていると,かけ算とおなじようになっているね。

おなじ符号どうしなら,プラスだし,異なった符号なら,マイナスになっている。

 また,まとめてみましょう。

2つの数の商を求めるには,

1 同符号なら,絶対値の商に正の符号をつける。

2 異符号なら,絶対値の商に負の符号をつける。

 ひき算のときは「反数にして」たし算になおしたけど,わり算もかけ算に

なおせるんじゃないかな。たとえば，

　　$(-6)\div(-2)$ というのは，$(-6)\times$……あれ，-2 の逆数はどうなるんだろう。

　逆数というのは，「かけあわせると 1 になる数」のことでしょう。たとえば，

$\frac{4}{5}$ の逆数は $\frac{5}{4}$，$-\frac{4}{5}$ の逆数は……。

　あれ，符号はどうなるのかな。かけて 1 になるというのだから$-\frac{5}{4}$かな？

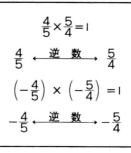

$$\frac{4}{5}\times\frac{5}{4}=1$$

$$\frac{4}{5}\quad\longleftarrow\ 逆\ 数\ \longrightarrow\quad\frac{5}{4}$$

$$\left(-\frac{4}{5}\right)\times\left(-\frac{5}{4}\right)=1$$

$$-\frac{4}{5}\quad\longleftarrow\ 逆\ 数\ \longrightarrow\quad-\frac{5}{4}$$

　　$(-6)\div(-2)=+3$

　　$(-6)\times(-\frac{1}{2})=+3$

だから，符号は変わらないんじゃない。

これでわり算もかんたんに表わせるよ。

　　　　ある数でわることは，その数の逆数をかけることである。

　これで，乗法と除法のまじった式の計算はすべてできますね。

　わり算をかけ算になおしてしまえば，交換法則と結合法則が使えて，どこから計算をしてもいい，ということだからラクだね。

　ちょっと練習してみましょうか。ここに，この国の通過手形があるけど，その裏に「通過テスト」があるわ。

　　① $(+\frac{3}{5})\times(+\frac{1}{4})\div(-\frac{3}{8})$

　　$=(+\frac{3}{5})\times(+\frac{1}{4})\times(-\frac{8}{3})$

　　$=-(\frac{1}{5}\times\frac{1}{1}\times\frac{2}{1})$

$$= -\frac{2}{5}$$

② $(-\frac{2}{3})^2 \div \frac{1}{6} \times \frac{3}{4}$

$$= (-\frac{2}{3}) \times (-\frac{2}{3}) \times \frac{6}{1} \times \frac{3}{4}$$

$$= +(\frac{1}{1} \times \frac{1}{1} \times \frac{2}{1} \times \frac{1}{1})$$

$$= 2$$

 わりとかんたんだったね。では，つぎの街へ行こう。

 （解答は250ページ）

1 つぎの □ を正しくうめましょう。

正負の数でわることは，その数の □ をかけることとおなじである。

2 つぎの計算をしましょう。

① $(-8) \div 2 \times (-4)$　　② $(-\frac{3}{4}) \div (-\frac{1}{2})$

③ $(-3)^2 \times 5$　　　　④ $-2^3 \times 3 \div (-8)$

┌─ワンポイント・コーナー─────────

累乗の指数

　$(-3) \times (-3)$ [(-3)の2乗]，$(-3) \times (-3) \times (-3)$ [(-3)
の3乗] などをひとまとめにして，(-3)の累乗といいます。

　そして，数の右肩に小さく書いた数を累乗の指数といいます。

└────────────────────────────

6 ● 四則の混じった計算

加法・減法・乗法・除法を合わせて四則ということは知っていますね。では，四則が混じっている式の計算を考えてください。

計算の順序は，加・減・乗・除を逆順にやればいい，って習ったね。

でも，正負の数を学習したら，ひき算はたし算に，わり算はかけ算になおすことができるから，けっきょくは，

計算の順序
除→乗→減→加
乗→加

乗法──→加法

ということでもいいわけね。

じゃあ，四則でなくて二則だね。でも，どうしてかけ算やわり算を先にするのか知ってる？

私はこう習ったわ。

1つは，私たちの生活のなかでは，かけ算をしてからたし算することが多いということ。たとえば，スーパー・マーケットに行って買いものをするときなど，1個60円のりんご3個と1個80円のパン5個を買ったとき，りんごの代金とパンの代金をそれぞれかけ算で求めてから，最後

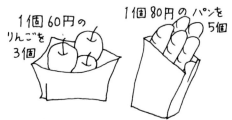

にたし算で合計の金額を求めるでしょう。

2つは，たし算では新しい量は生まれないけど，わり算で新しい量がつくりだされるから。たとえば，「距離」を「時間」でわると，「速さ」という新しい量が生まれるということ。

$$(距離) \div (時間)$$
$$= (速さ)$$
$$12[km] \div 4[時間]$$
$$= 3[km/時]$$

 へえー。やっぱり数学の規則というのは意味がちゃんとあるんだね。

 それだけじゃなくてよ。「量の記号」もちゃんとそのことを考えてつくってあるのよ。たとえば，時速というのは km／時と書くように，距離 (km) を時間 (時) でわったということを表わしているのよ。

 では，問題をやってみようか。「四則の街」の「通過手形」のテストでね。

① $-5 + (-2) \times (-3)$
$= -5 + (+6)$
$= 1$

② $-8 \div (-4) - 7$
$= 2 - 7$
$= -5$

③ $3^2 - 3 \times (-2)$
$= 3^2 - (+3) \times (-2)$
$= 9 - (-6)$
$= 9 + 6$
$= 15$

④ $8 - (-4)^2 \times 3$
$= 8 - (+16) \times 3$
$= 8 - (+48)$
$= 8 - 48$
$= -40$

よくできましたね。ここで，この国の人びとの計算のしかたを紹介しましょう。

① $-4 \underline{-6 \div (-3)}$

$[-4 \underline{+(-6) \div (-3)}]$ ……………………………… $\overset{たす}{+}$と（ ）を復元

$[-4 +(+2)]$

$=-4 \underline{+2}$ ………………………………… $\overset{たす}{+}$と（ ）を省略

$=-2$

② $(-2)^3 \times 2 + 5 \times (-3^2)$

$[(-2)^3 \times 2 \underline{+(+5)} \times (-3^2)]$ ……………………… $\overset{たす}{+}$と（ ）を復元

$[\underline{-8} \times 2 \underline{+(+5) \times (-9)}]$

$=-8 \times 2 \underline{+(-45)}$ ………………………… $\overset{たす}{+}$と（ ）を省略

$=-16-45$

$=-61$

（注　〔 　〕のなかの計算式は省略します。）

なるほど，計算する部分にアンダーラインをつけておくと，まちがいがすくないね。

それと，$\overset{たす}{+}$と（ ）を復元して考えるということもうまいわね。

ほんとう。どこを計算したのかはっきりわかるからね。

とにかく，ていねいに考えれば，それほどむずかしいものではないわね。

最後に，この国の人びとが考えだした分配法則というものを紹介しましょう。

まず，つぎの2つの結果からどういう規則があると考えますか。

　　　㋐　｛(−3)＋(−4)｝×3　　㋑　(−3)×3＋(−4)×3

㋑は，㋐の｛　｝のなかの2つの数のそれぞれに｛　｝の後ろの3をかけた式になっている。

なるほど，3を｛　｝のなかの2つの数に「分配」したのね。だから分配法則ね。

でも，成り立つかどうか，2つの式を計算して確かめてみなくてはだめね。

㋐　｛(−3)＋(−4)｝×3　　㋑　(−3)×3＋(−4)×3
　　=(−7)×3　　　　　　　　　　=−9−12
　　=−21　　　　　　　　　　　　=−21

きっと，どんな場合も成り立つから，△と□と○で表わすとこうなるわね。

それに，かける数は後ろにあっても，まえにあってもおなじだから，2つの形で表わすことができるわね。

　でも，（　）があれば，（　）のなかから計算す

分配法則

$$(\triangle + \square) \times \bigcirc$$
$$= \triangle \times \bigcirc + \square \times \bigcirc$$
$$\triangle \times (\square + \bigcirc)$$
$$= \triangle \times \square + \triangle \times \bigcirc$$

ればいいわけだし，たいして役に立たないね。まえにやった交換法則や結合法則は役に立ったけど。

 そうですね。分配法則がほんとうに役立つのは文字の式の学習のときでしょうね。ただ，㋐の式は，まず，加法を行なったあとで乗法を行なう，ということを表わしている

$$㋐ \underbrace{\{(-3)+(-4)\}}_{①} \times \underbrace{3}_{②}$$

$$㋑ \underbrace{(-3)\times3}_{①\ ②} + \underbrace{(-4)\times3}_{②\ ①}$$

のに対して，㋑の式は，まず，乗法を行なったあとで加法を行なう，ということを表わしています。つまり，計算の順序を変える，ということですね。

 なるほど，「たしてからかける」か，「かけてからたす」かか，おもしろいわね。

 まあ，役に立つときに覚えればいいさ。

も ん だ い （解答は250ページ）

1 つぎの計算をしましょう。

① $(-5)\times(-4)+(-15)$　　② $-10+(-8)\div(-2)$

③ $12-3\times\{(-2)+4\}$　　④ $(-3)^2-2^3$

2 つぎの（　）のなかに，右にある3つの数を入れて，計算の結果がもっとも大きな値になるようにして，そのときの値をもとめましょう。

① （　）－（　）×（　）　　$\{-3, -4, +2\}$

② （　）×（　）²－（　）　　$\{-3, 0, +2\}$

7 ● 正負の数の使いかた

●加法・減法の意味

では，まとめの学習として，正負の数の使いかたという劇場へ行ってみましょう。

まず，加減の使いかたです。

正負の数の世界では，性質が反対の量が表わせ，減法は加法になおせましたね。このことを利用するのです。

まず，家を中心にして東西に通じている直線の道路があるとしましょう。

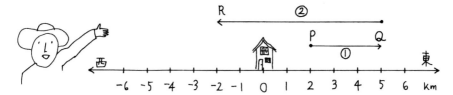

いま，家から東へ2kmの地点をPとします。Pから東へ3km進むと，どこに行きますか。

5kmの地点です。

家から東へ5kmの地点というほうが正確じゃない？

そう。では，それを計算する式を考えてください。単位もつけて書いてみましょう。

正確に書くと，2km＋3km＝5km です。

そのとおりですね。では，家から5kmの地点をQとしましょう。Qから西へ7km進むと，どうなりますか。

　　　こんども正確に書きますよ。7km－5km＝2km　で，家から西に2kmの地点に行きます。

　でも，答えの2kmというのは正の数ですね。ところが，家から西へ2kmの地点というのは－2kmということになるんじゃないですか。

　　　え？

　　　計算した結果が－2kmになるようにするのですか？

　そうです。「家から東へ5kmの地点から出発した」ということと，「西へ7kmすすんだ」という2つのことから，「西へ2kmの地点に行った」という結果が出るような計算の式をつくるわけが，正負の数を利用すればできるのです。

　　　わかった。「東へ」と「西へ」という正反対の方向が，それぞれ「＋」「－」

で表わされればいいんだ。

　　　東へ5kmということを＋5km（5km）

　　　西へ7kmということを－7km

とすればいいんだ。

東へ5km … 5km
西へ7Km … －7Km

　　　「西へ7km」は「－7km」でいいけど，「進んだ」というのはどうするのかしら。

　　　そうか，わかった。プラスとマイナスというのは正反対の性質で，たすとひくは正反対の動きなんだ。

　　　だから，「進む」は「たす」で，「退く」は「ひく」と考えればいいんだよ。つま

り，

$5\,\mathrm{km}+(-7\,\mathrm{km})=-2\,\mathrm{km}$

ということにすれば，答えがそのまま西へ2kmということを表わしているよ。

おもしろい。じゃあ，東へ5kmの地点Qから東へ7km退くというのは，地点Qから東のほうを向いて，7km後退することね。

$5\,\mathrm{km}-(+7\,\mathrm{km})=-2\,\mathrm{km}$

こうなると，量の符号と計算の記号の区別がつかなくなってしまうわね。

両方ともおなじマークを使うのは，こんなことに役立つからなんだね。

ねえ，トモキくんに「－1万円あげるわ」。

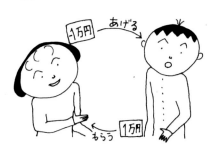

え，「－1万円あげる」というのは，「1万円もらう」ということじゃない……。

あ！ またトランプ・ゲームとおなじことじゃないの。ヒロコさんがスペードのＡをぼくにあげる，ということは，ぼくからハートのＡをもらうこととおなじだから。

コトバの言いかえができるわけね。たとえば，

気温が－5℃あがる──→気温が5℃さがる。

なるほど，

ヒロコさんの体重が－5kg減る ──→……

いやあね。そんなことありません。

そのことについてですが，なにかが変化したときに，その変化した量を求める場合，正負の数を使わない立場で計算するには，2つのやり方がありましたね。

　たとえば，小学校6年生のときに体重が40kgだったひとが，中学1年になって45kgになったとすると，

　　　　45kg−40kg＝5 kg

として求めましたね。これは，

　　　　（変化後の体重）−（変化前の体重）

ということです。

　ところが，40kgのひとが，35kgになったとすると，

　　　　40kg−35kg＝5 kg

で，これは，

　　　　（変化前の体重）−（変化後の体重）

ですね。

　これは，計算するまえから，体重が増えたか減ったかを知っていなければできませんね。

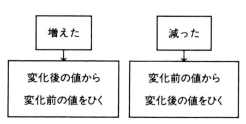

　しかし，増えたか減ったかを知らなくても，1つの規則で計算して，その結果をみれば，増えたか減ったかまでわかるやり方があるのです。

　　減ったとき，マイナスになればいいわけだから……わかった。どんなときでも，

（変化後の体重）−（変化前の体重）

ということでいいんだ。減った場合は，

$$35\text{kg}−40\text{kg}=−5\text{kg}$$

でわかるからね。

 こうしておけば，1つの規則にできるわけね。

すべての変化量はつぎの
ようにして求められる
（変化後の値）−（変化前の値）
＝（変化量）

　　　（解答は250ページ）

1　つぎの（　）のなかを正しくうめてみましょう。

① （変化後の値）−（　　　　　）＝（変化量）

② （変化後の値）−（　　　　　　　）＝（変化前の値）

●乗法の意味

　もうすこし，この国での正負の数の使われかたを紹介しましょう。

　まず，つぎのような場面を考えてください。

　東西に通じているまっすぐな通路を，東に向かって毎時 4 km の速さで歩いている人がいます。いま，O地点を通過しました。では，いまから 3 時間後には，その人はどこにいるでしょうか。

　東へ毎時 4 km だから，＋ 4 km／時，いまから 3 時間後だから，＋ 3 時間，そうすると，

$$(＋ 4 km／時)×(＋ 3 時間)＝(＋12km)$$

だから，O地点から東に12kmの地点です。

　小学校のときとおなじように，

$$(速さ)×(時間)＝(距離)$$

という式で計算すればいいのね。

　では，つぎ。ある人が，東へ向かって毎時 4 km の速さで歩いていて，いま，O地点を通過しました。この人は，いまから 3 時間まえにはどこにいたでしょうか。

　東へ毎時 4 km だから，＋ 4 km／時，いまから 3 時間まえというのは，− 3 時間後となるから，

$$(＋ 4 km／時)×(− 3 時間)＝(−12km)$$

で，O地点から12km西の地点にいた，ということだから，この場合でも，(速さ)×

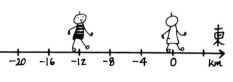

（時間）＝（距離）という式が使え

るね。

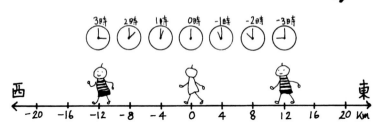

どんな場合でも，（速さ）×（時間）＝（距離）という公式が使えるわけね。

　西に毎時4kmの速さで，3時間後だと，

$$(-4\,\text{km}／時)×(+3\,時間)=(-12\text{km})$$

で，O地点から西へ12kmの地点。

　西に毎時4kmの速さで，3時間まえなら，

$$(-4\,\text{km}／時)×(-3\,時間)=(+12\text{km})$$

で，O地点から東へ12kmの地点，ということになるのね。

　ということは，正負の数のかけ算は，こういう場合にも適用できるということですか。

　というより，いろいろな場合に適用できるように計算の規則がつくりだされた，と考えるほうが正しいでしょうね。いまから，400年もまえにも，プラス・マイナスをもちいたかけ算の規則が数学者のあいだで議論されたことがあるのです。

当時の有名な数学者のカルダノは，

$$（マイナス）\times（マイナス）=（プラス）$$

という規則は誤りである，と主張したことがあります。

　しかし，これは，

「プラス・マイナスのかけ算の規則を証明するのはやめたほうがよい。この規則の正しい理由を理解できないのは，人間の精神の無力によるというほかはない。しかし，このかけ算の規則が正しいということには疑問の余地がない。なぜなら，それは数多くの実例

カルダノ
（1501～1576）

によって確かめられているからである」

という，当時の数学者クラヴィウス（1537～1612）のことばが正しいのです。

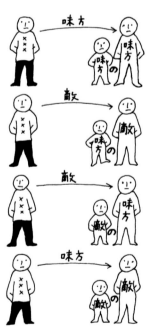

　ここで，ちょっとおもしろい考えかたを紹介しましょう。

　味方をプラス，敵をマイナスとすると，

　　味方の味方は味方　　〔＋・＋＝＋〕

　　味方の敵は敵　　　　〔＋・－＝－〕

　　敵の味方は敵　　　　〔－・＋＝－〕

　　敵の敵は味方　　　　〔－・－＝＋〕

　おもしろいね。「敵の敵は味方」なんて気にいったな。

　いよいよ最後になりましたね。では，

正負の数に関する「練習問題」をいくつかやってみ
てください。この「正負の数の国」の旅の「通過手
形」についている用紙です。

（解答は250ページ）

1　つぎの各数のあいだやまえに＋・－・×・÷・{ } の記号を入れて，「＝」が成
り立つようにしましょう。

　〔例〕　(－4)　－(－4)　＋(－4)　÷(－4)＝1
　①　(－4)　　(－4)　　(－4)　　(－4)＝2
　②　(－4)　　(－4)　　(－4)　　(－4)＝3
　③　(－4)　　(－4)　　(－4)　　(－4)＝4
　④　(－4)　　(－4)　　(－4)　　(－4)＝5
　⑤　(－4)　　(－4)　　(－4)　　(－4)＝6
　⑥　(－4)　　(－4)　　(－4)　　(－4)＝7
　⑦　(－4)　　(－4)　　(－4)　　(－4)＝8
　⑧　(－4)　　(－4)　　(－4)　　(－4)＝9

2　つぎの表の縦・横・斜めの3つの数の和が，す
べて0になるように空欄をうめましょう。ただし，
使う数は，－4から4までの整数を各1個ずつとし
ます。

3 つぎの□に記号を入れて,「＝」が成り立つようにしましょう。

① 1□2×3＋4□5－6＋7□8×9＝100

② 12－3□4□5×6＋7□8＋9＝100

③ 9□8×7□6＋5□4×3－2□1＝100

4 つぎのような2数があります。どんな数でしょうか。

① 積は正の数で,和は負の数である。

② 和が0で積が偶数である。

┌─ワンポイント・コーナー──────────
│ 問題1は「フォー・フォーズ（4つの4）」,2は
│ 「魔法陣」,3は「小町算」とよばれるものです。
└────────────────────────

第 2 章
文字と方程式の国

これから「文字と方程式」の国へ旅立つことにしましょう。「文字」を学習するというのは，いうなれば，「数学語」の学習をするということです。

　わたしたちはいろいろなことがらを「日本語」で表現します。たとえば，

　　　「2個のりんごと3個のりんごを合わせると5個になります」

ということを式で表現して，

　　　2個＋3個＝5個

としました。まあ，これは「算数語」といえ
ばいいですかな。

　しかし，「数」と「＋・－・×・÷」と「＝」
だけの式では，自然や社会の複雑な現象を表
現することができません。そこで，「文字」が
必要になるのです。

　ある数学者が，「数学は記号という道具を使
って研究する学問である」といっていますが，
ここでいう記号とは，数や文字をふくめた広
い意味で使っているわけです。この文字を使
うと，「袋のなかのりんごと3個のりんごをあ
わせたら，5個になりました。袋のなかのり

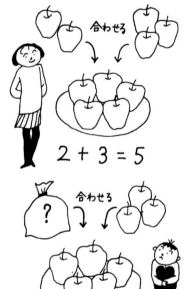

んごは何個だったでしょうか」ということが，「数学語」，つまり「文字」を使った式
で表現することができますね。

　それはかんたんですよ。袋のなかのりんごの数を x 個とすると，

x 個＋ 3 個＝ 5 個

と書けます。

なるほど。数がわからなくても x 個としておけば，すでにわかっているものとおなじように扱えるのですね。

ここにこの国の「案内板」が立っているから，ちょっと読んでみてください。

数学語を学習する目的

「自然は 1 冊の本である。しかし，そこに書かれている文字を解読することを学ばないかぎり，理解できない。この書物は数学の言語で書かれている」

ガリレオ・ガリレイ

「数または量的関係についての問題を解くためには，その問題を自国語から数学語に翻訳することが必要なのだ」

アイザック・ニュートン

まずはじめに，「文字と方程式」の国のオリエンテーリング・マップをながめてみましょう。

それぞれのチェック・ポイントに「クイズ」がありますから，楽しみにしていてください。わたしもごいっしょしますが，よけいな口だしはしませんから，2 人でうまくまわってほしいですね。では，出発しましょう。

オリエンテーリングMAP

入口

1 「方程式」の広場

「文字式のつくり方」の庭

2 「方程式の解法」の城

池

3 「量と文字式」の森

4 「いろいろな問題」の丘

出口

─ワンポイント・コーナー─

オリエンテーリング

あらかじめ，探しだすように指定されたポストの書き込まれた地図を受けとり，マップ・コンパス（磁針）を持って，そのポストを探しだし，そのポストの記号を地図のなかに書きこんでいき，なるべくはやく，すべてのポストを記入してゴールする競技です。

……この本では、ポストの記号のかわりに問題を解くことを要求しています。

I ● 「方程式」の広場

●「重さあて」のベンチ

（イラスト）マップとコンパスと筆記具は持ちましたね。では，スタート。

（イラスト）まず，自分のいる地点を確認しなくちゃ。ここだね。それで， 1番目のポストは，「方程式」の広場にあるんだ。こっちの方向だ。

（イラスト）あ，あそこに「立札（たてふだ）」があるわ。

問題

「ある晴れた日曜日のことです。ユウコさんが友だちとハイキングにでかけました。ところが，ユウコさんが家を出て20分後に，ユウコさんが忘れものをしているのに気がついた兄のケンスケくんが，すぐに自転車でユウコさんを追いかけました。ユウコさんは毎分60m，ケンスケくんは毎分180mの速さだとすると，ケンスケくんは家を出てから何分後にユウコさんに追いつきますか。また，そこは家から何mはなれたところですか」

　この問題は「文字と方程式」の国を出国するときに，その解答を要求されるものです。④の「いろいろな問題」の丘の頂（いただ）きの高い木の下にある「箱」に解答を入れてください。

いやあ，これはむずかしいや。

 でも，この国でオリエンテーリングをしていくうちに，きっと解けるということよ。さあ，行きましょう。

このベンチのそばにポスト1があるわ。

ポスト1の問題

ここに，2種類の金属の棒が，右の図のようにテンビンにのせてあります。テンビンがつりあっているとき，丸棒の1本の重さはいくらですか。

ただし，角棒1本の重さは600gです。

 ここにテンビンの実物があるよ。ああ，2種類の金属棒もある。実際にやってみよう。

角棒は1本600gとわかっているから，左の皿は1800gと丸棒4本，右の皿は3600gと丸棒2本だ。

つまり，丸棒2本の重さが1800gだから，1本900gだ。

 ちょっと待って。せっかくテンビンがあるのだから，これを使って解いてみましょう

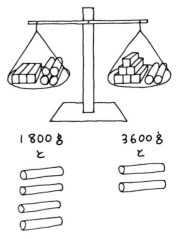

よ。

　こういうのはどうかしら。このテンビンはつ
りあっているから，

　　両方の皿からおなじ重さの角棒を3本取る
の。‥‥‥‥図②

　やっぱりつりあっているから，

　　両方の皿からおなじ重さの丸棒を2本取る
の。‥‥‥‥図③

　そうすると，角棒1本の重さは600gだから，
右の皿は1800gということになる。だから，丸
棒1本は900gということ。

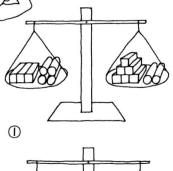

①

②

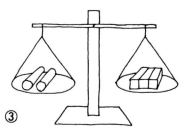

③

　なるほど，ヒロコさんのやり方のほう
がテンビンをうまく使っているね。

　正しい答えかどうか確認しなくては。

左の皿は，

　　600g／本×3本＋900g／本×4本

　＝1800g＋3600g

　＝5400g

右の皿は，

　　600g／本×6本＋900g／本×2本

　＝3600g＋1800g

左の皿

右の皿

5400g　　　　　5400g

$= 5400\,\mathrm{g}$

　それでいいですね。テンビンの「つりあい」を使っておなじものを両方の皿から取りさり，最後に左の皿を「わからないもの」だけにし，右の皿を「わかっているもの」だけにしてしまう，というのがこの国のやり方なのです。

　そして，答えが出てから，それが正しいかどうかをハジメの条件にあてはめてみて「確認する」ということは，まさに「数学する」ことですね。

　あとは，いまの「手順」を「数学語」で表現することができるようにすることです。

　はやく，ポスト2に行こう。

　あった。これだ。

●「箱の数あて」の泉

ポスト2の問題

　箱のなかの数をあてましょう。

　箱のなかには，おなじ数を書いたカードが1箱に1枚ずつはいっています。左の5つの箱にはいった数と3をたした値は，右の2つの箱にはいった数と18をたした値と等しくなっています。

　箱にはいっている数はいくらでしょう？

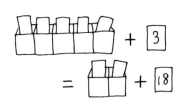

この泉のそばでやってみましょうよ。

さっきのテンビンとおなじように考えればいいね。左と右から3をひいて，つぎにまた，左と右から箱を2つ取ればいいんだ。

つまり，

はじめの式(1)の左と右から，3をひくと，(2)になる。

(1)

(2)の式の左と右から，箱を2つずつ取ると，(3)になる。

(2)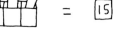

(3)の式をみると，箱が3つで15だから，1つの箱は，15÷3＝5で5になる。

(3)

この答えがあっているか確かめてみると，

(4)

$$5 \times 5 + 3 = 5 \times 2 + 18$$
$$28 = 28$$

(5)

で，答えが正しいことがわかる。

これを「数学語」になおすことにしない？　中身のわからない箱を x とすればいいんじゃない？

そうすると，はじめの式は，

$$x\ x\ x\ x + 3 = x\ x + 18$$

というふうに表わせる。

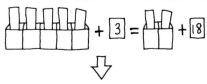

いいね。でも，x を 5 つも書くのはめんどうだよ。

$$x\ x\ x\ x\ x \longrightarrow x \times 5$$

にしたほうがラクだよ。

 ほんと。x が10とか20とかになったらたいへんですものね。

その書き方だと，こうなるわね。

箱　の　式	x の式

(1) $x \times 5 + 3 = x \times 2 + 18$

(2) $x \times 5 \quad = x \times 2 + 15$

(3) $x \times 3 \quad = \quad 15$

(4) $x \quad = \quad 5$

(5) $5 \times 5 + 3 = 5 \times 2 + 18$

 やっぱり，x の式のほうがずっとラクだね。

 この箱を使った数あては，この国では小学生でも知っていて，ゲームにし

てたのしんでいるのです。

ゲームは，ひとりが出題者になり，箱を使って上の問題のような式をつくります。そして，相手がそれを解いて，正しく解けたかどうかで勝ち負けをきめるわけです。出題がまちがっていれば，出題者の負けで，正答でなければ，解答者の負けです。

　では，ここで，文字を使った式を扱うときの規約について，すこしお話ししましょう。

$\boxed{1}$	文字の混じった式では，乗法の記号×は省略する。
$\boxed{2}$	文字と数の積では数を文字のまえに書く。

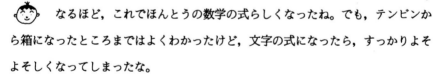

この規約にしたがって，さきほどの式を書きなおすと，こうなるわ。

$$x \times 5 + 3 = x \times 2 + 18 \quad \Rightarrow \quad 5x + 3 = 2x + 18$$
$$x \times 5 = x \times 2 + 15 \quad \Rightarrow \quad 5x = 2x + 15$$
$$x \times 3 = 15 \quad \Rightarrow \quad 3x = 15$$
$$x = 5 \quad \Rightarrow \quad x = 5$$

　なるほど，これでほんとうの数学の式らしくなったね。でも，テンビンから箱になったところまではよくわかったけど，文字の式になったら，すっかりよそよそしくなってしまったな。

　そうね。箱までは親しみやすかったわね。

　そうですね。テンビンや箱まではどういうことなのか，聞かれている意味がよくわかったのですが，文字の式になると，抽象性がぐんと増すのでしてね。でも，それだからこそ，いろいろなことがらに数学が適用できるのです。ですから，

むずかしいけれども，

記号の操作術

に一日もはやく慣れることが大切なのです。

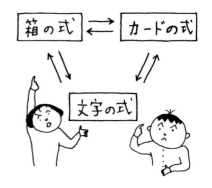

　もし，箱からいきなり文字になってわか
りにくかったら，そのあいだにカードを使
えばいいでしょう。カードについては，ま
たあとで説明しましょう。

　さて，トモキくんがいった「数学の式」
が出たところで，いくつかの用語と規約をつけ加えて
おきましょう。

　　　$5x + 3 = 2x + 18$

のように，数量のあいだの関係を等号「＝」を使って
表わした式のことを等式といいます。そして，等式で，
等号の左の部分を左辺，右の部分を右辺といい，左辺
と右辺をまとめて両辺といいます。

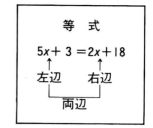

　そして，この式のように，「その数はいくつか」と問
うているものを方程式といい，その文字で表わされた
数を未知数といいます。「未だ知られていない数」とい
う意味です。

　この方程式という名まえは，まえにお話しした中国
の古書『九章算術』の第8章の章の名まえ「方程」か

『比較数学史——事項別——』
（大矢真一著，富士短期大学出版部）

らとったもので，「方」は比べる，「程」は量という意味だそうです。左辺と右辺の量を比べる，つまり，バランスをみるということでしょうね。

　そして，方程式のなかの未知数の値を求めることを，方程式を**解く**といい，みつけた値のことを，その方程式の**解**といいます。

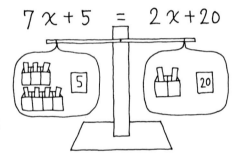

方程式

$$5x + 3 = 2x + 18$$

↓
解く
↓

$$x = 5 ——解$$

　　　　いろいろ用語がありますね。みんなおぼえなければならないとは，ちょっと気が滅入ってしまいますよ。

　　　　でも，方程式がでてきたら，数のはいった箱とテンビンを思いだしながら解けばいいのよ。

　　　　実際に絵をかいてやれば，もっとよくわかるよ。

　　　　（解答は 251 ページ）

1　つぎの箱のなかの数はいくらですか。

①　　　　　＋ 23 ＝　　　　　＋ 4

②　　　　　＋ 13 ＝　　　　　＋ 37

2 つぎの方程式を解きましょう。

① $6x + 7 = 3x + 15$ ② $5x + 3 = 2x + 9$

3 1，2，3のなかから，つぎの方程式の解となっ
ているものを選んでください。

① $4x + 6 = 2x + 10$ ② $8x + 1 = 5x + 10$

4 チョコレート6箱，キャラメル1箱のセットの重さは，チョコレート2箱，キ
ャラメル3箱のセットの重さに等しく，キャラメル1箱の重さが50ｇです。チョ
コレート1箱の重さはいくらですか。

2 ● 「方程式の解法」の城

●移項の部屋

では，第2の目標に向かって出発しましょう。こんどは，「方程式の解法」の城です。ここでは，方程式を「機械的」に解く方法を学習しましょう。つまり，どんな方程式でも解ける一定の〈手続き〉を知っていただこうというわけです。

なお，とちゅうで説明が必要なときは，「文字式のつくり方」の庭へ出て，そのことをお話ししましょう。まず，この部屋にはいってください。

では，「解法」の目玉といえる規則のあるところをいっしょにやりますから，その目玉をあなたたちで発見してください。

$$4x + 3 = 2x + 11$$

という方程式を解きます。

$$
\begin{array}{c}
4x + 3 = 2x + 11 \\
\downarrow \\
〔両辺から 3 をひく〕\\
\downarrow \\
4x + 3 \underline{- 3} = 2x + 11 \underset{\sim\sim}{- 3} \\
\downarrow \\
4x = 2x + 11 - 3
\end{array}
$$

まず，両辺から，3を取ります。

その「両辺から3をひく」ということを式のなかに表わしてください。

え？

両辺のいちばん後ろに－3をつければいいのよ。

そして，左辺の「＋3－3」を計算します。すると，左辺は $4x$ だけになりますね。

さて，そこで，はじめの式とできあがった式を比べると，そこに，おもしろいこ

とがみつかるはずです。

はじめの式と最後の式を比べると……。

わかった。左辺の＋3が右辺へいって－3になっているんだ。

つまり，「左辺にある数を反数にして右辺に移す」というのが規則でしょう？

$2x$ についてはどうでしょうか。

おなじことができますよ。

目玉を見つけましたね。いまの2つのことをいっぺんにやると，「$4x+3=2x+11$」という式は，「$4x-2x=11-3$」という式になりますね。

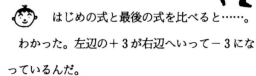

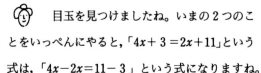

ここで，この規則を簡潔に表現するために，「用語」をきめましょう。

$4x+3$ や $2x+11$ のように，加法だけの式では，$4x$ や 3，$2x$ や 11 のことを**項**といいます。

つまり，いまの規則は「等式で項を移すときの規則」というわけです。これを**移項**といいます。まとめてください。

　等式では，一方の辺にある項は，その項の符号を変えて他方の辺に移すことができる。

ちょっとわたしがお手伝いしましたが，大切なところはあなたたちでまと

めることができましたね。

　この移項ということを，アラビアの数学者アル・クワリズミ（780？〜850）は，アルジャブルと名づけました。数学では，文字を使って研究する分野のことをアルジェブラ（日本語では「代数学」）といいますが，このことばの語源が移項だったのです。当時の人びとはこの規則によっぽど感心したのでしょうね。

　ついでに一言つけ加えておくと，コンピュータなどに覚えこませておく「一定の手順」のことを**アルゴリズム**といいますが，これはアル・クワリズミという名からきています。

　もっとも，この時代には，現在のようないろいろな記号はなかったのですから，さきほどの計算の式のような簡潔さはありませんがね。

　では，つぎのポストを探しましょう。

　あった。この問題を解けばいいんだ。

ポスト 3 の問題

つぎの問題を移項を使って解きましょう。

$$2x + 7 = 19 - 4x$$

　記号の操作術がはやく上達するために，しばらくは「意味」を考えないでやってみましょう。

　賛成。まず左辺の 7 と右辺の $-4x$ を移項すると……。　$+7$ は -7，$-4x$ は $+4x$ になる。

左辺は$2x+4x=6x$，右辺は$19-7=12$，

x の 6 倍が12だから，$x=2$ 。

 確かめてみましょう。

左辺は11，右辺は11

正しい答えだったのよ。

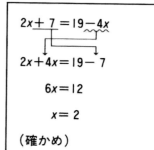

$$2x+7=19-4x$$
$$2x+4x=19-7$$
$$6x=12$$
$$x=2$$

（確かめ）

左辺：$2\times2+7=11$

右辺：$19-4\times2=11$

 なるほど。でも，文字や数だけの式というのは，やっぱりわかりにくいね。方程式の広場の入り口にあったテンビンは使えないのですか。

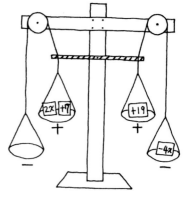

移項テンビン

そうですね。あのままでもいいのですが，あれをすこし改良したテンビンを使いましょう。

これが，「移項テンビン」です。＋のついた皿には正の項をのせ，－のついた皿には負の項をのせます。

もうおわかりのように，＋の皿にのせたものは，テンビンの棒（斜線）に下向きの力を働かせるもので，－の皿にのせたものは，上向きの力を働かせると考えることができます。

さきほどの問題を重さの問題と考えてみましょう。左辺には，$2x$ kgと 7 kgの重さが働いていて，右辺には19kgと$-4x$ kgの重さが働いているとします。

このテンビンのバランスをくずさないようにして，左側の＋ 7 の項を右側へ移す

には，テンビンの棒を点⑦で＋の方向（下）へ

7 kgの力でひいていたのですから，それとお

なじ結果をえるためには，棒の右端の点④

で－の方向（上）へ7 kgの力でひいてやる必要

があります。つまり，右側の－の皿にのせれ

ばよいわけです。

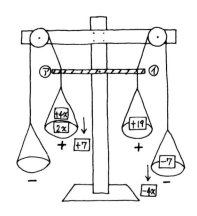

同様に，右側の点④で上向きにひっぱって

いた力（$-4x$ kg）を左側に移すのですから，

左側の点⑦では下向きの力にしてやればよいわけです。つまり， ＋の皿にのせま

す。

すると，テンビンでは，

左側：$2x+4x$

右側：$19-7$

$$\boxed{2x}\ \boxed{+4x} = \boxed{+19}\ \boxed{-7}$$

になります。

　なるほど，これならよくわかる。

　私はさっきのやり方のほうがめんどうでなくていいわ。でも，こんなとこ

ろにも「方向が反対の力」ということで，正負の数がでてくるなんて思わなかった

わ。

　やっぱり，数学ってうまくできているんだなあ。

じゃあ，自分たちで勝手に作った問題で，この移項テンビンを使ってみようよ。

$8-5x=-7x-2$ という式でやってみよう。

左辺から 8 を右辺の<ruby>−<rt>マイナス</rt></ruby>の皿へ

.... − 8 。

右辺から −7x を左辺の<ruby>＋<rt>プラス</rt></ruby>の皿へ

.... ＋7x。

これもおもしろいわね。

$$2x = -10$$

$$x = -5$$

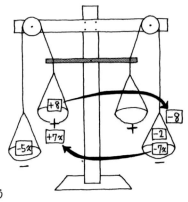

 テンビンではよくわかるけど，どう

も文字と数だけの式になるとわかりにくいなあ。

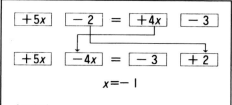 そうですね。なかなか文

字の式になじめない人が多いので

す。そんな人は，カードの式をや

ってみるといいのです。

　カードには表に正の符号の項を

書き，その裏は負の符号にしてお

きます。それを，移項のときは「ヒ

ックリ返して」動かすわけです。

あとは，ノートに計算すればいい

でしょう。

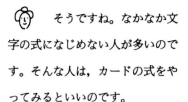

　なお，文字をふくんでいる項では，数の部分をその

文字の<ruby>係数<rt>けいすう</rt></ruby>といいます。係数が 1 とか− 1 であるときは，1 や− 1 の〝1〟は省略

するのがふつうです。

さすがは数学だわ。符号が負であっても，解が負の数であっても，移項で解けるなんて。やっぱり当時の人びとが感心したのもムリないわ。

つぎのポストに行こう。2問あるから，2人で手分けして解こう。

ポスト 4 の問題

① $8x+10=5x-2$ ② $5x=2x-6$

---

①
$$8x+10=5x-2$$
$$8x-5x=-2-10$$
$$3x=-12$$
$$x=-4$$

$8x\boxed{+10}=\boxed{5x}-2$

$8x\boxed{-5x}=-2\boxed{-10}$

$$3x=-12$$

$3\times\boxed{?}=-12$

②
$$5x=2x-6$$
$$5x-2x=-6$$
$$3x=-6$$
$$x=-2$$

$5x=\boxed{2x}-6$

$5x\boxed{-2x}=-6$

$$3x=-6$$

$3\times\boxed{?}=-6$

 （解答は251ページ）

1 つぎの方程式を移項を使って解きましょう。

① $8x - 9 = 2x + 15$　　　② $6x + 10 = 5 - 3x$

③ $7x - 8 = 3x$　　　④ $3x - 2 = 7$

●「（　）のついた方程式」の部屋

 こんどはすこしむずかしくなりますよ。つぎの部屋は（　）のついた方程式です。

 まず、ポストをみつけて……。この問題だ。

ポスト 5 の問題

「ノート 3 冊とサインペン 2 本がセットになっている商品を 3 セット買ったら2040円でした。サインペン 1 本が100円だとすると、ノート 1 冊の代金はいくらですか」

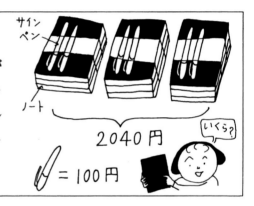

 カンタンだ。ノートは全部で 9 冊。ボールペンは 6 本で600円。だから、

2040円－600円＝1440円

1440円÷9 ＝160円

 でも、ここは方程式の国だから方程式で解きましょうよ。

ノート 1 冊を x 円とすると、ボールペンは 1 本100円だから、

1 セットは、$3x+200$ 〔円〕。

これが 3 セットだから……………。

まえに×の記号は省略するということだったから

……でも、どう書くのかしら。

セットにしてつつんであるから，（　）を使えばいいよ。

つまり，$(3x+200)\,3$ か，$3\,(3x+200)$ さ。

 その場合，この国では，$3\,(3x+200)$ と表わします。この国では2の3倍というとき，3×2 と表わすのです。

$3x + 200$ [円]
3セットで
$(3x + 200)3$
$3(3x+200)$

では，いまの問題は，

$$3\,(3x+200)=2040$$

になります。なるほど，（　）のある方程式ですね。

$3x+200$ というのは，x がいくらかわからないと，これ以上の計算はできないね。でも，さっきは答えが求められたんだから……。

分配法則を使うのよ。「正負の数」の国で習ったけど，あまり役に立たなかったじゃない？　でも，こういうときは役立つわ。かけ算が先にできるんだから。

$$3\,(3x+200) = 2040$$
$$9x+600 = 2040$$
$$9x = 1440$$
$$x = 160$$

あとはかんたんね。

 なるほど。分配法則というのは，袋にはいっているものを，いくつか分，いっしょにすることなんだね。

さあ，つぎのポストを探そう。

●同類項の芝生

 では，ここで，「文字式のつくり方」の庭に出てください。ちょっと「計算術」の話をしましょう。この芝生にすわってください。

ポスト 6 の問題

$$(2x+3)+(3x-4)$$

あれ，「＝」がありませんね。方程式じゃあない？

きっと方程式の一部じゃないかしら。たとえば，左辺というような。

うまい。そのとおりです。これから，すこし複雑な方程式の学習がはじまるので，そこで使われる計算をすこしおぼえてほしいのです。

これは，いま，ヒロコさんがいったように，方程式の左辺と考えればいいのです。

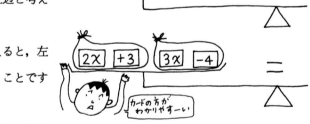

テンビンで考えると，左の皿にのっているということですね。

テンビンなら，カードのほうがよくわかる。袋に入れてのせてあると思えばいい。

では，（　）をはずしてまとめてみてください。ヒロコさんは文字の式で，トモキくんはカードで。

ヒロコ

$$2x+3 \quad 3x-4$$

小声で：これだと $33x$ になって
しまう。$3x$ は $+3x$ だから……

$$2x+3+3x-4$$
$$=2x+3x+3-4$$
$$=5x-1$$

トモキ

$$\boxed{2x}\ \boxed{+3}\ \boxed{3x}\ \boxed{-4}$$

小声で：カードだから，トラン
プのときのようにおなじ仲間ど
うしを集めればいい。

$$\boxed{2x}\ \boxed{3x}\ \boxed{-4}\ \boxed{+3}$$
$$=\boxed{5x}\ \boxed{-1}$$

 2人ともそのとおりですね。いま，

$$2x+3x=5x$$

としましたが，文字の部分がおなじである項を**同類項**といいます。そして，同類項
はまとめることができるのです。

そのとき，この国では，「分配法則を使ってまとめ
た」というのです。

$$2x+3x=(2+3)x=5x$$

ところで，$3x-4$ は，$3x$ と -4 の項からできてい
ます。$3x$ のように文字が１つだけの項を１次の項と
いい，１次の項だけか，１次の項と数だけの項から
できている式を**１次式**といいます。

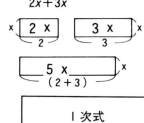

いまやったのは，1次式の加法ですね。

では，つぎは減法，ひき算ですね。わかりやすくカードで考えてみるか。

$$(5x+6)-(3x+2)$$

というのは，x が5個，1が6個あるところから，x を3つと1を2つ分だけ袋に入れて取りさるということだから，残りは $2x+4$ です。

これは，$5x-3x$ と $6-2$ という計算をしたことになるわけだ。

1次式の計算でも，正負の数のところでやったように，「減法は符号を変えて加法になおす」ということができるのじゃないかしら。やってみるわ。

$$(5x+6)-(3x+2)$$
$$=(5x+6)+(-3x-2)$$ ……符号を変えて加法になおす
$$=5x+6-3x-2$$ ……＋と（ ）を省略する。
$$=5x-3x+6-2$$ ……同類項を集める。
$$=2x+4$$ ……同類項をまとめる。

ヒロコさんの式でよいのです。ただ，式の計算に慣れてきたら，とちゅうの式は省略してもかまいません。

ポスト7の問題

$$10x+6-2(3x+2)$$

ぼくはカードでやってみる。

x が10個，$\boxed{1}$ が6個あるところから，$\boxed{x}$ が3個，$\boxed{1}$ が2個のセットを2つ取りさるのだから，残りは，$\boxed{x}$ が4個，$\boxed{1}$ が2個のこります。答えは $4x+2$。

 私は記号術で。

$$10x+6-2(3x+2)$$
$$=10x+6-(6x+4)$$
$$=10x+6+(-6x-4)$$
$$=10x+6-6x-4$$
$$=10x-6x+6-4$$
$$=4x+2$$

……$(3x+2)\times2$ を計算する。

……符号を変えて加法にする。

……＋と（ ）を省略する。

……同類項を集める。

……同類項をまとめる。

 ぼくの答えとおなじだ。2人とも正しいね。でも，数学だから，ヒロコさんのやり方がいいということになりますね。ぼくもおぼえて使うことにしよう。

さあ，また城のなかにはいって方程式を解いて先へ行こうよ。

ポスト 8 の問題

① $10x-5(x+2)=20$

② $7x-3(x-1)=23$

③ $3(x-5)-2x=-5$

ああ，この問題だ。

① $10x-5(x+2)=20$

$10x-(5x+10)=20$

$10x+(-5x-10)=20$

$10x-5x-10=20$

$10x-5x=20+10$

$5x=30$

$x=6$

> この国のふつうの書き方
>
> $10x-5(x+2)=20$
>
> $10x-5x-10=20$
>
> $10x-5x=20+10$
>
> $5x=30$
>
> $x=6$

 もう2題やってみます。

② $7x-3(x-1)=23$

$7x-3x+3=23$

$7x-3x=23-3$

$4x=20$

$x=5$

③ $3(x-5)-2x=-5$

$3x-15-2x=-5$

$3x-2x=-5+15$

$x=10$

 （解答は251ページ）

1 つぎの方程式を解きましょう。

① $3(x+4)=5x-6$ 　　　② $2x-3(x-4)=5$

③ $2x-3(x-1)=2$ 　　　④ $3-(x-2)=1$

つぎの式で誤りがあれば，右辺をなおしましょう。

① $-(x-y)=-x-y$　　　② $-(-x+y)=-x-y$

●「小数・分数のある方程式」の部屋

 では，つぎの部屋に行ってください。小数や分数のある方程式です。

 やだなあ。ぼくは小数や分数になると，ゾクッとしてしまうんだ。

 いや，方程式では，小数や分数はすこしもむずかしくないのです。そこが等式のアリガタイところなのです。そこで，いままでは意識しないで使っていたのですが，この「等式の性質」というのを確認しておきましょうか。

　等式，つまり，テンビンの性質を考えてください。ただし，ここで使うテンビンは上皿テンビンにしてください。そのほうが等式の性質を表現するのに適していますから。

 ぼくがテンビンの性質をいうから，ヒロコさんがそれをコトバにまとめてよ。

① 両方の皿におなじ重さをのせても，取りさってもつりあう。

② 両方の皿のものをおなじように何倍かするか，何分の1かにしてもつりあう。

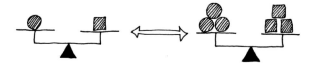

 トモキくんは，加減と乗除をまとめて表現してくれましたが，いちおう，加減乗除と4つのものとしてまとめてください。

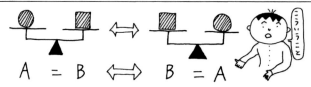 こうなるのかしら。

---

1 等式の両辺におなじ数を加えても，等式は成り立つ。

$A = B \rightarrow A + C = B + C$

2 等式の両辺からおなじ数をひいても，等式は成り立つ。

$A = B \rightarrow A - C = B - C$

3 等式の両辺におなじ数をかけても，等式は成り立つ。

$A = B \rightarrow A \cdot C = B \cdot C$

4 等式の両辺をおなじ数でわっても，等式は成り立つ。

$A = B \rightarrow \dfrac{A}{C} = \dfrac{B}{C}$

---

4 では「C は 0 でない」ということをつけ加えなくてはいけないんじゃない？

正確には「C は 0 ではない」ということ，式で書くと，「$C \neq 0$」をつけ加えますが，数学では「0 でわる」ということは絶対にしませんから，書かないこともあります。ついでに，もう 1 つ，つけ加えておきましょう。

---

5 等式の両辺を入れかえても，等式は成り立つ。

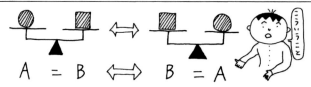

$A = B \Longleftrightarrow B = A$

どうして，等式の性質なんてわかりきったことをまとめるのですか。

 数学では，「式の形を変える」ときには，いちいち言わないことが多いのですが，必要なら，そのことをやってもよいという根拠を示せなければいけないのです。その根拠をまとめたのが，この場合，等式の性質です。

さて，これで，小数や分数のある方程式を解くための準備ができました。

ポスト 9 の問題

① $0.6x - 2 = 0.4x - 0.2$

② $\dfrac{4}{3}x - \dfrac{1}{3} = 3 + \dfrac{1}{2}x$

 最初のポスト 9 の問題は小数のあるやつか。ぼくがやってみるよ。

そうか，等式の性質の③で「両辺を10倍」ということを使えばいいんだな。

左辺：$10(0.6x - 2)$

$= 6x - 20$

右辺：$10(0.4x - 0.2)$

$= 4x - 2$

になるよ。

$$0.6x - 2 = 0.4x - 0.2$$
$$[10(0.6x - 2) = 10(0.4x - 0.2)]$$
$$6x - 20 = 4x - 2$$
$$6x - 4x = -2 + 20$$
$$2x = 18$$
$$x = 9$$

 このときも分配法則が役立つのね。

 等式って便利だね。小数でも整数になおせてしまうんだから。

つまり，まとめると，こうなるわ。

　小数をふくむ方程式は，両辺に10の累乗をかけて，小数をふくまない形にしてから解く。

 こんどは，分数のある方程式だ。

　これも分母をなくしてしまえばいいんだね。3と2の最小公倍数の6を両辺にかければいいんだ。

左辺：$6\left(\dfrac{4}{3}x-\dfrac{1}{3}\right)$

$=\overset{2}{\cancel{6}}\times\dfrac{4}{3}x-\overset{2}{\cancel{6}}\times\dfrac{1}{\cancel{3}_1}$

$=8x-2$

右辺：$6\left(3+\dfrac{1}{2}x\right)$

$=6\times3+\overset{3}{\cancel{6}}\times\dfrac{1}{\cancel{2}_1}x$

$=18+3x$

$$\dfrac{4}{3}x-\dfrac{1}{3}=3+\dfrac{1}{2}x$$

$$\left[\;6\left(\dfrac{4}{3}x-\dfrac{1}{3}\right)=6\left(3+\dfrac{1}{2}x\right)\right]$$

$$8x-2=18+3x$$

$$8x-3x=18+2$$

$$5x=20$$

$$x=4$$

〔　〕内は省略してもよい

こうすると，やっぱりまえにやった式とおなじになるから，すぐにできるね。

 まとめておきましょう。

> 　分数をふくむ方程式は，両辺に分母の最小公倍数をかけて，分数をふくまない形にして解く。

　そうですね。このように，分母をなくしてしまうことを，この国の人びとは「**分母をはらう**」といいます。

　なるほど，方程式の国ではあのやっかいな分数の計算はやらなくてもいいわけですね。これはいいや。等式の性質さまさまよ。

●「文字式の規約」の石

　「方程式の解法」の城には「難問の塔」があります。そこを抜けないと，つぎの目標である「量と文字式」の森へは行けませんが，それには，「文字式のつくり方」の庭で学ぶことが欠かせません。

　といっても，さきほど「方程式の解法」のところで，実際に解いてきたのを「等式の性質」を使って「解き方」としてまとめたように，文字を使った式の「つくり方」をまとめようというのです。

　つまり，「日常語」を「数学語」に翻訳するときの規約をきちんと学んでもらいたいわけです。といっても，もう大部分は学習ずみです。いままでに確認してこなかったことを表にしてまとめておきましょう。まあ，この石にかけましょう。

> ①　$a \times b = ab$　〔このように文字はふつうアルファベット順に書きます〕

② $(-a) \times 3 = -3a$　　　　　　　〔$-a$ の係数（-1）と 3 をかけます〕

③ $\dfrac{x}{5} = \dfrac{1}{5}\,x$　　　　　　　　　　〔$x \div 5 = x \times \dfrac{1}{5} = \dfrac{1}{5}\,x$〕

④ $a \div (b \times c) = \dfrac{a}{bc}$

〔（　）のなかをさきに計算します。bc は×を省略したもので

すが，かけた「結果」も表わし，1つの数として扱います〕

⑤ $(a-b) \div x = \dfrac{a-b}{x}$

〔右辺の分数の形の式は，$(a-b)$ の値を x でわることを表わしています〕

⑥ $(a+b) \times (a+b) = (a+b)^2$

〔累乗の指数2は（　）のなかの式を2個かけあわせることを表わしています〕

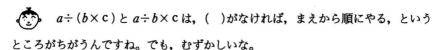

　　　$a \div (b \times c)$ と $a \div b \times c$ は，（　）がなければ，まえから順にやる，という
ところがちがうんですね。でも，むずかしいな。

　　　そうですね。方程式の解法ではほとんど使わないものもありますから，ま
た必要になったら見なおしてください。

では，この城の最後のポストがある「難問の塔」へ行きましょう。

ポスト10の問題

$$\dfrac{x}{8} - \dfrac{x-7}{6} = 1$$

　　　ほんとうにむずかしそうだ。2人で挑戦してみよう。

　　　$$\dfrac{x}{8} - \dfrac{x-7}{6} = 1$$

$$24\left(\frac{x}{8}-\frac{x-7}{6}\right)=24\times 1 \qquad \text{両辺に 8 と 6 の最小公倍数をかける。}$$

$$\frac{24x}{8}-\frac{24(x-7)}{6}=24 \qquad \text{分配法則を使って } x \text{ と }(x-7)\text{ に24をかける。}$$

$$3x-4(x-7)=24 \qquad \text{約分する。}$$

$$3x-4x+28=24 \qquad (\ )\text{ をほどく。}$$

$$3x-4x=24-28 \qquad \text{移項する。}$$

$$-x=-4 \qquad \text{同類項をまとめる。}$$

$$x=4 \qquad \text{両辺を}-1\text{でわる。}$$

 ふうーっ。やっとなんとかなったね。

 この式は，$(\div 8)$ と $(\div 6)$ ということを，その逆数をとって，$\left(\times\frac{1}{8}\right)$，$\left(\times\frac{1}{6}\right)$ にしてもできるわよ。

$$\frac{x}{8}-\frac{x-7}{6}=1 \Rightarrow \frac{1}{8}x-\frac{1}{6}(x-7)=1$$

こうしておいて，両辺に24をかけると，

$$24\left\{\frac{1}{8}x-\frac{1}{6}(x-7)\right\}=24\times 1$$

$$\frac{24}{8}x-\frac{24}{6}(x-7)=24 \qquad \text{分配法則を使って24を}\frac{1}{8}\text{と}\frac{1}{6}\text{にかける}$$

$$3x-4(x-7)=24 \qquad \text{約分する。}$$

これで，さっきのトモキくんの計算とおなじになるわ。とにかく，分数の形の式では，分子が1次式だったら，かならず（ ）をつけておくとまちがいないわね。

| $\dfrac{x-7}{6}$ | $\longrightarrow$ | $\dfrac{(x-7)}{6}$ |

 右辺にも24をかけるのを忘れないことだね。

 では，これでどんな形の方程式でも解けるわけですから，「解法」の手順を

ことばでまとめることにしましょう。

　ところで，これまでに学習してきた方程式は，移項してまとめてしまうと，

$$\bullet\, x = \blacksquare$$

という形にすることができました。このように，文字が1つだけの項と数だけの項
からできている方程式を**1元1次方程式**といいます。

　では，まとめてみましょう。

1元1次方程式の解法

1. 小数や分数をふくむときは，整数になおす。かっこがあれば，はずす。
2. 文字 x の項を一方の辺に，数の項を他方の辺に移項する。
3. まとめて，$\bullet\, x = \blacksquare$ の形にする。
4. x の値を求める。

　うまくまとまりましたね。これで，どんな1元1次方程式でも解くことが
できますね。

　最後に，方程式の解法としては，検算のとき以外には使いませんが，代入計算と
いうのをやりましょう。

　式のなかの文字を数におきかえることを，文字に数を**代入**するといい，そして，
計算して求めた結果を**式の値**といいます。

　やってみましょう。

① $a=3$，$b=-4$ のとき，$2a-3b$ の値を求めましょう。

(解) $2a-3b = 2(3)-3(-4)$

$$= 6+12$$

$$= 18$$

② $x=-2$，$y=3$ のとき，x^2-3xy の値を求めましょう。

(解) $x^2-3xy = (-2)^2-3(-2)(3)$

$$= 4+18$$

$$= 22$$

 （解答は251ページ）

1 つぎの方程式を解きましょう。

① $5x+3 = 2x-7$ 　　② $5x+3 = 2(x-3)$

③ $0.4x-1.8 = 5-1.3x$ 　　④ $\dfrac{1}{2}x+\dfrac{1}{2} = \dfrac{1}{4}x+\dfrac{3}{4}$

⑤ $\dfrac{2x-1}{3} = \dfrac{x+2}{2}$ 　　⑥ $\dfrac{1}{3}(2x-1) = \dfrac{1}{2}(x+7)$

⑦ $\dfrac{3x-1}{2}-\dfrac{2x-3}{3} = 1$ 　　⑧ $2-\dfrac{3-x}{2} = 3x+3$

2 つぎの計算にまちがいがあります。どこでしょうか。

① $2x-\dfrac{x-4}{3} = x-1$

$$3\times 2x-3\times\dfrac{x-4}{\cancel{3}}$$

$$= 3\times(x-1)$$

$$6x - x - 4 = 3x - 3$$
$$6x - x - 3x = -3 + 4$$
$$2x = 1$$
$$x = \frac{1}{2}$$

② $\qquad 0.5x + 1 = 0.2(x - 1)$
$$5x + 1 = 2(x - 1)$$
$$5x + 1 = 2x - 2$$
$$5x - 2x = -2 - 1$$
$$3x = -3$$
$$x = -1$$

3 ● 「量と文字式」の森

●「数あてマジック」の小径

 やっと「量と文字式」の森に着きましたね。ここでは,「日常語」を「数学語」に翻訳することを学びます。この小径をゆっくり歩きながら考えましょう。

はじめに,読んだとおりに翻訳するという意味では,「直訳」とでもいうものから練習してください。

ポスト11は,丘のふもとにあった。

ポスト11の問題

つぎの日本語の文を数学語に訳せ。

1. ある数の2倍に8を加えると,10になる。

ある数を x とすると,

$\underset{\downarrow}{\underline{\text{ある数の2倍に}}}\quad \underset{\downarrow}{\underline{8を加えると,}}\quad \underset{\downarrow}{\underline{10になる}}$

$\underline{x\times 2}\qquad +8\quad =\quad 10$

これを「数学語」の文法,つまり,文字式の規約で修正して,

$$2x+8=10$$

もう一題あるわ。

② ある数の3倍から5をひくと，もとの数に2をたしたものの2倍になる。

これはちょっとむずかしいわ。

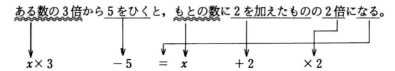

ある数の3倍から5をひくと，もとの数に2を加えたものの2倍になる。

$$x \times 3 \qquad -5 \qquad = \quad x \qquad +2 \qquad \times 2$$

これでは右辺がおかしいわね。$x + 2$ をさきにやるには（　）がいるわね。つまり，正しくすると，

$$3x - 5 = 2(x + 2)$$

 なるほど，日常語と数学語はすこしちがうんだね。

③ a の3倍と b との和　　　　④ x と2の差と a の積

③　$a \times 3 \quad + b$　　　　　④　$(x - 2) \times a$

　　$3a + b$　　　　　　　　　　　　$a(x - 2)$

 つぎのポスト12は，「数あてマジックのしくみ」を考えるためですって。

ポスト12・数あてマジック

あなたの思っている数をピタリとあてます。

① 何か1つ，好きな数を思ってください。………（5を思った）

② その数を3倍してください。……………………………（5 × 3 ＝15）

③ それに2を加えてください。……………………………（15＋2 ＝17）

④ それを3倍してください。……………………………（17× 3 ＝51）

⑤ それに思っていた数を加えてください。………（51＋5 ＝56）

⑥ それに4を加えるといくらですか。……………（56＋4 ＝60）

⑦ 60ですか。あなたの思った数は5でしょう。

さて，このマジックのネタがわかるかな？

 あれっ。どうしてあたるのかな。

その「しくみ」をみつけるのが問題よ。

この①〜⑥までのことを「数学語」で表現するとわかるんじゃない。

そうね。じゃあ，やってみましょう。

① 好きな数を思う ……………x

② その数を3倍 …………$3x$

③ それに2を加える…………$3x＋2$

④ それを3倍……………………$3(3x＋2)$

⑤ それに思った数を加える…$3(3x＋2)＋x$

⑥ それに4を加える…………$3(3x＋2)＋x＋4$

この⑥の式を計算してみると，

$$3(3x＋2)＋x＋4 ＝9x＋6 ＋x＋4$$
$$＝10x＋10$$

つまり，……。

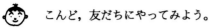 わかった。思った数を10倍して10をたしてあるから，⑥の答えの数の60から10をひいて，10でわればいいんだ。だから，5がわかったんだね。

なるほど，x がどんな数でもこの式からわかるのね。文字の式ってすごい威力があるのね。

こんど，友だちにやってみよう。

この「数あて」はまだほかにもたくさんの式が考えられていますが，「しくみ」がわかったら，自分でつくれますから，きみたちも自分式のものをつくってください。ポイントは，最後にできる式で，その式を使ってかんたんに答えが求められて，しかも相手からはそのしくみが気づかれないようにすることですね。

いまのしくみだと，10の位の数字から1ひけば，すぐにわかるね。

ただし，思った数が1〜8までの数の場合はね。

そうか。9だと100になってしまうからね。それなら，1〜8までのトランプカードをひいてもらって，その数をあてるようにすればいいね。

●「数学詩」の樹

これは，昔の本のなかに書かれていた「詩」の問題です。とくにインドでは，数学の本は詩の形で書かれていました。

「数学詩」なんてすばらしいじゃない！　どこにあるのかしら。

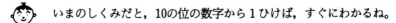 ここにあるよ。この樹に下げてある。

ポスト13

蜂の群れ

蜂の群れの

　５分の１はカタンバの花へ

　３分の１はシリードラの花へ

　それらの差の３倍の蜂どもは

　夾竹桃の花へと飛びぬ。

　残されし１匹の蜂は,

　ケータキーのかおりと

　ジャスミンのかおりにまどいて

　ふたりの美しき乙女に

　声かけられしおのこのごとく

　虚空に迷いてありぬ

　蜂の群れは何ほどか

〔バスカラ２世（1113？～1185？）〕

　　これは『リーラーバーティー』という本のなかにありますが，この本の名
の『リーラーバーティー』というのは，バスカラ２世の娘の名だといわれています。
どうですか，解いてみますか。

　　やってみましょう。

蜂の群れの‥‥‥‥‥‥‥‥‥‥‥‥‥ x

5分の1はカタンバの花へ‥‥‥‥ $\dfrac{x}{5}$

3分の1はシリードラの花へ‥‥‥ $\dfrac{x}{3}$

それらの差の3倍の蜂どもは‥‥‥ $3\left(\dfrac{x}{3}-\dfrac{x}{5}\right)$

夾竹桃の花へと飛びぬ

残されし1匹の蜂は‥‥‥‥‥‥‥ 1

虚空に迷いぬ

これを式にすると，

$$
\overset{\substack{\text{蜂の群れ}\\\downarrow}}{x} = \overset{\substack{\text{カタンバ}\\\downarrow}}{\dfrac{x}{5}} + \overset{\substack{\text{シリードラ}\\\downarrow}}{\dfrac{x}{3}} + \overset{\substack{\text{夾竹桃}\\\downarrow}}{3\left(\dfrac{x}{3}-\dfrac{x}{5}\right)} + \overset{\substack{\text{残り}\\\downarrow}}{1}
$$

 解いてみましょう。

$$x = \dfrac{x}{5} + \dfrac{x}{3} + 3\left(\dfrac{x}{3}-\dfrac{x}{5}\right) + 1$$

両辺を15倍する

$$15x = 3x + 5x + 45\left(\dfrac{x}{3}-\dfrac{x}{5}\right) + 15$$

（ ）をはずす

$$15x = 3x + 5x + 15x - 9x + 15$$

移項してまとめる。

$$15x - 3x - 5x - 15x + 9x = 15$$

$$x = 15$$

蜂は15匹ね。

●「量のしくみ」の小川

 さあ，これから，いろいろな量の関係をのべた日常語を数学語に翻訳する

ことを学びます。まず、この小川でのどをうるおしましょう。

いままでは数学語の文法を重点として学習しましたが、こんどは、その文法を支えている量のしくみにポイントを移します。

 まえに、「なぜ、たし算よりかけ算をさきにするのか」というときのようなことですね。

 ここにある問題で練習しよう。

つぎの数量の関係を式で表わしましょう。

1 1本 a 円のえんぴつを3本と、100円の
ノートを2冊かって、1000円だしたときの
おつり。

　　(おつり)＝(出したお金)－(買った品の代金)

　　$1000-(3a+200)$ 〔円〕

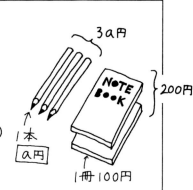

2 1個 a 円のりんごを b 円買ったとき、買ったりんごの個数。

　　(買った個数)＝(全体の代金)÷(1個の値段)

　　$b \div a = \dfrac{b}{a}$ 〔個〕

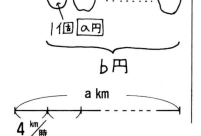

3 a km の道のりを毎時4kmの速さで歩い
たときにかかる時間。

　　(かかる時間)＝(道のり)÷(速さ)

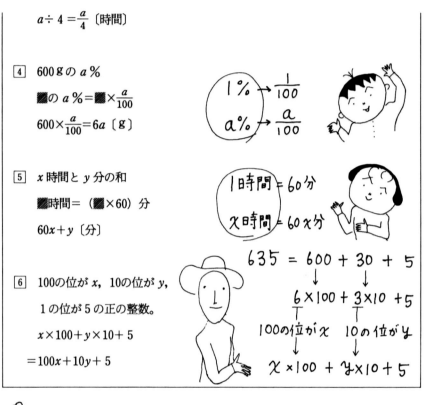

$a \div 4 = \dfrac{a}{4}$ 〔時間〕

4 600 g の a %

　■の a %＝■×$\dfrac{a}{100}$

　$600 \times \dfrac{a}{100} = 6a$ 〔g〕

1% → $\dfrac{1}{100}$

a% → $\dfrac{a}{100}$

5 x 時間と y 分の和

　■時間＝（■×60）分

　$60x + y$ 〔分〕

1時間=60分

χ時間=60χ分

6 100の位が x，10の位が y，

　1 の位が 5 の正の整数。

　$x \times 100 + y \times 10 + 5$

　$= 100x + 10y + 5$

635 = 600 + 30 + 5

6×100 + 3×10 + 5

100の位がχ　10の位がy

χ×100 + y×10 + 5

　　さあ，これだけ「量のしくみ」が数学語で表現できるようになれば，もう，最後の「いろいろな問題」の森へ行けるでしょう。

　　量の関係を数で表わすときもむずかしかったのに，それが文字になったら，もっとむずかしいんだろうから，まいったな。

　　文字は「いくらいくら」とわかっていない量を，とりあえず表現しておこうというものだと考えるのよ。

たとえば，ビンにはいった牛乳を $a\ell$ というように。そうすれば，そのビン2つ分なら$2a\ell$，半分なら$0.5a\ell$というふうに表わせるのよ。

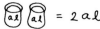

 とにかく，

(1) 数学語の文法をしっかりおぼえる

(2) 量のしくみをきちんと理解する

ことが大切なんだね。

 （解答は252ページ）

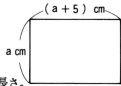

1 つぎの数量の関係を式で表わしましょう。

① たてが a cm，横がたてより5cm長い長方形の周の長さ。

② 時速 a kmで10分間歩くときの道のり。

③ a 円の p ％。

4 ● 「いろいろな問題」の丘

　この「いろいろな問題」の丘では，この国の中学生たちがつくった問題を中心にして学習していくことにしましょう。そして，最後に，この国の入り口で示された問題を解いて「通過手形」にスタンプを押してもらいましょう。

　さあ，元気に出発だ。

　ずいぶん勉強したから，だいじょうぶ，できるわね。

　さあ，第1問があるわよ。あら，日本のお話よ。

　井原西鶴（1642〜1693）の『本朝桜陰比事』という裁判のことを書いた小説のなかに，つぎのような話があります。

「35歳になる男が15歳の娘と結婚の約束をしました。それを知った娘の親が『せめて娘の年の2倍ぐらいならがまんするが，これはひどい』と奉行所に訴えてでました。

　すると，奉行は，『男にとくべつ悪い点がない以上，訴えは認められないが，それでは……』。

　この小説では，奉行が親のいいぶんもかなえるような裁きをしていますが，それはどんな裁きだったでしょうか。

　これは「大岡裁き」だな。

なによ，その「大岡裁き」というのは。

なにかうまい方法で両方のいいぶんが通るようにしてある，ということさ。江戸時代の名奉行・大岡越前守のことなら知ってるでしょう。

「親のいいぶんも認める」というのは，男の年齢が娘の年齢の2倍ということね。ということは……。

わかった。「5年後に結婚しろ」ということじゃない？

5年後というと，男が40で，娘は20。そうね。たしかに親のいいぶんも通るわね。でも，どうやって5年後ということをみつけたの？

〝カン〟ピュータさ。でも，これはきっと方程式で解けると思うよ。

やってみましょう。

求めるもの，つまり，「x 年後に男の年齢が娘の年齢の2倍になった」と考えて，これを式に表わしてみればいいわけね。

あとはかんたんね。

$x = 5$ だから，5年後よ。

なるほど，〝カン〟ではなかなかうまくいかない問題でも，方程式なら，ちゃんと求められるんだね。

$$\begin{array}{c}
\overbrace{\qquad}^{x \,年後} \\
男の年令 \qquad 娘の年令 \\
35 + x \qquad 15 + x \\
その関係は \\
35 + x = 2(15 + x) \\
35 + x = 30 + 2x \\
x - 2x = 30 - 35 \\
-x = -5 \\
x = 5
\end{array}$$

そのとおりです。西鶴の本のなかでも，「5年後に婚礼を行なうがよかろう」という裁きになっています。ちょっとつけ加えておくと，江戸時代は，14歳，15歳は娘盛り，結婚適齢期が16〜18歳だったのです。

ところで，もし，いまのような場合に，答えが負の数になったら，どう考えますか？

負の数，たとえば，－5だったら「－5年後」，つまり，「5年まえ」ということでしょ。

やっぱり数学ってうまくできているわ。

そうですね。では，つぎは古代中国の数学書のなかの問題ですよ。これを解いたら，つぎのポストは丘の中腹ですよ。

今有共買物，人出八盈三，人出七不足四，問人數物價幾何

（『九章算術』第7章「盈不足（えいふそく）」第1問）

何人かの人が買いものをしています。各人が8ずつ出せば，3余り，各人が7ずつ出せば，4不足します。人の数と物の価はいかほどですか。

下に書いてあるのが，上の文章の内容ですね。お金の単位がついていないから，数のままでやるよりしかたないな。

単位を「万円」と考えるとやりやすいわよ。

x 人いたとすると，

①の条件から，「物の価」は，

$8x - 3$（万円）

②の条件から，

$7x + 4$（万円）

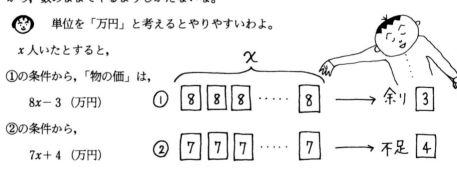

おなじ品物の価をべつの表わし方をしただけだから，「＝」でつなぐと，

$$8x - 3 = 7x + 4$$

$$8x - 7x = 4 + 3$$

$$x = 7$$

物の価は，$8x - 3$ に $x = 7$ を代入して，

$$8 \times 7 - 3 = 53$$

つまり，人数は 7 人，物の価は53，というわけね。

 うっかりすると，「3 余る」から「＋3」としてしまうね。出したお金が余るのだから，物の価はそれより少ないのだということだね。

 そうですね。これは「過不足算」と呼ばれることがありますが，「盈(えい)」という字は「みちる」という意味です。ここでは「余る」という意味で使われていますね。

さあ，いよいよ現代の問題がでてきますよ。この国の中学生がつくった問題です。

 こんどは丘の中腹ですね。さあ，行くぞ。

 ここよ。楡(にれ)の木の下にポストがあるわ。

ポスト14の問題

私たちの中学校の今年度の生徒数は306人です。これは，昨年度の生徒数より 2 ％増えたことになります。昨年度の生徒数は何人だったでしょうか。

 昨年度の人数を x 人とすると，

増えた人数： $x \times \dfrac{2}{100} = \dfrac{2}{100}x$ 〔人〕

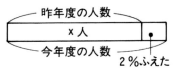

$$（昨年度の人数）＋（増えた人数）＝（今年度の人数）$$

$$x \quad + \quad \frac{2}{100}x= \quad 306$$

$$100x+2x=30600$$

$$102x=30600$$

$$x=300 \qquad\qquad 答え\quad 300人$$

 これは，「2％増えた」というところがポイントね。

でも，この国は1クラスが30人ですって。いいわね。

 さあ，つぎのポストは頂上のすぐ近くだよ。

 あったわ。

ポスト15の問題

私のいう数をあててごらん。

その数は，百の位が9，十の位が7である3けたの正の整数である。この整数の百の位の数字を一の位に，十の位の数字を百の位に，一の位の数字を十の位に移したら，はじめの数の3倍と，あとにできた数の4倍とが等しくなる。

 いやあ，これはむずかしそうだ。でも，やるしかない。

 まず，なにを未知数にするか，きめなくては。

一の位の数字を x とすると，

もとの数は，$900+70+x$……①

あとの数は，$700+10x+9$ ……②

①の３倍と②の４倍が等しいから，

$$3(900+70+x) = 4(700+10x+9)$$
$$3(970+x) = 4(709+10x)$$
$$2910+3x = 2836+40x$$
$$3x-40x = 2836-2910$$
$$-37x = -74$$
$$x = 2$$

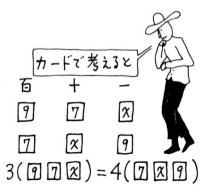

答え　972

カードの数はわかりやすいけど，位取りをきちんとしないと，「数学語」にならないんだね。

でも，あっているのかな。ちょっと確かめてみよう。

（検算）　　$972 \times 3 = 2916$，　$729 \times 4 = 2916$

やっぱりあっているわね。

さあ，いよいよ頂上にある最後のポストだ。

高い木の下の箱に，入り口で渡された問題を解いていれるのね。

もう一度，問題を確かめてみましょう。

ある晴れた日曜日のことです。ユウコさんが友だちとハイキングにでかけました。

ところが，ユウコさんが家を出て20分後に，ユウコさんが忘れものをしてい

るのに気がついた兄のケンスケくんが，すぐに自転車でユウコさんを追いかけました。

　ユウコさんは毎分60m，ケンスケくんは毎分180mの速さだとすると，ケンスケくんは家を出てから何分後にユウコさんに追いつきますか。また，そこは家から何mはなれたところですか。

　いよいよこれで終わりだから，2人で考えることにしようよ。

　賛成。では，この国の人びとが解いている「解法」とおなじようにしましょう。ケンスケくんは，x分後にユウコさんに追いついたとすると……。

　まず，問題の内容を図にかきます。

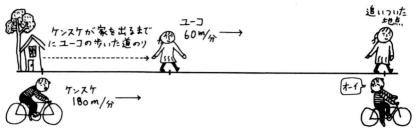

この図から，

　ユウコさんの歩いた距離は，$60 \,[\text{m／分}] \times (x+20) \,[\text{分}]$

　ケンスケくんの走った距離は，$180 \,[\text{m／分}] \times x \,[\text{分}]$

追いついたということは，この2人の進んだ距離が等しいということだから，これを「＝」で結んで方程式を作って解けばいいわけだ。

　では，式をつくって解きます。

ケンスケくんが家を出発してから，ユウコさんに追いつくまでにかかった時間を x 分とすると，

$$60\,(x+20)=180x$$

$$60x+1200=180x$$

$$60x-180x=-1200$$

$$-120x=-1200$$

$$x=10$$

（検算）　$180\times10=1800$，$60\times(10+20)=1800$で OK

答え　追いついた時間　10分後，家からの距離　1800m

　　そうです。よくできました。これで「文字と方程式の国」の探訪は終わりました。

　どうです。丘の頂上からこの国全体がよく眺められるでしょう。

　　あっ，入り口の立札が見える。はじめにあれを読んだときは，すごくむずかしかったけど，ここへ来て見たら，あまりやさしいのでびっくりしたな。

　　それだけ，数学語に強くなったのね。うれしいわ。

 （解答は252ページ）

1　おなじ値段の卵を40個買えば、持っているお金では110円不足し、30個買えば120円あまる。この卵１個の値段を求めなさい。

2　水のはいっている３つの容器A・B・Cがある。Bの水量はAの水量より30%多く、CにはAの水量の85%にあたる水がはいっており、Bの水量はCの水量より36ℓ多い。Aにはいっている水量を求めなさい。

3　A地点から100kmはなれているC地点まで自動車で行った。はじめは毎時40kmの速さで行き、途中のB地点からは毎時30kmの速さで行ったところ、ちょうど３時間かかってC地点に着いた。A，B間の距離はいくらですか。

第3章
比例と反比例の国

では，これから「比例と反比例」の国へご案内しましょう。この国には楽しいメカがいっぱいあります。期待してください。ただ，学校ではまだ習いませんが，まず，「関数」の館を通っていただきます。

トモキくんはカーマニアだからメカに強いんでしょう？　どんなものがあるか楽しみでしょう。

でも，理屈はあまり好きじゃないんでね。むずかしいものがでてこないことを願っています。

あれあれ，まっ黒な巨大な箱があって，入口って表示がでているよ。ここから「関数」の館へはいるんですか。ちょっと気味が悪いな。

なんだか私たちが小人になったみたい。

「巨人国」に着いたガリバーといった感じがするよ。でも，危険なことはないっていうことだから，思いきってはいってみようよ。

そうしましょう。

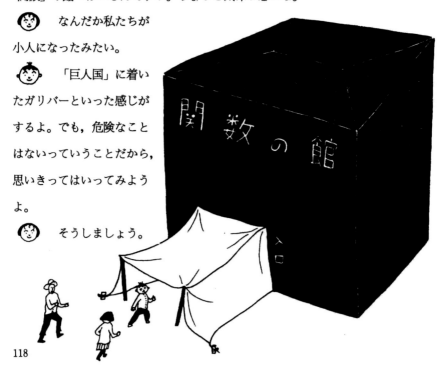

関数の館

入口

I ● 「関数」の館

● 「不思議な機械」の部屋

 　この国のことをしっかり理解するためには，まず「関数」というコトバを知っていただかなくてはなりません。

 　「関数」なんてむずかしそうだな。「関係する数」ということかな。

 　ほう，なかなかいい線いってますね。でも，それはいずれ説明することにして，まずは，この「不思議な機械」の「働き」を見つけてください。

 　おもしろい。なんだ，これは。

カラスがガラスに，

サルがザルに，

タイヤがダイヤに

………………。

わかった。
「濁点をつけたものにする」
という働きだよ。

 　正確にいうと，「はじ
めの文字に濁点をつける」と
いうことね。

 　どちらでもけっこう

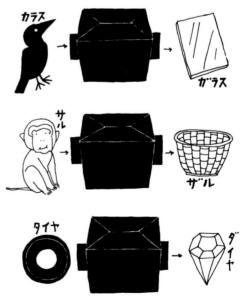

です。こんな機械は実際にはありませんが,「なにか入れると, べつのものが出てくる」という装置はいっぱいありますね。

🙂 自動販売機がそうです。お金を入れると, 品物が出てきます

😊 人間もそうだ。

😐 いやね。

😮 この国の子どもが考えたものに, こんなのがあります。

給料──→先生──→難問

これだと, 先生は給料をもらって難問をつくっているみたいですね。

ほんとうは, こんな楽しい機械をみんなで考えればいいのですが, すこし急ぐことにします。

このように,「なにか入れたとき, ある一定の働きがなされて, なにかを出す」箱（装置）を,

　　　　ブラックボックス

といいます。

これは「黒い箱」, つまり, なかのしかけがわからない箱ということです。

入れるものを入 力, 出てくるものを出 力といい,ふつう, 下の図のように省略してかきます。これからは, 入力を x,出力を y という文字で表わします。

では,「量(数)」がはいると,「量(数)」

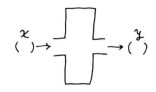

が出てくるブラックボックスを考えることにしましょう。

　さて，第1問です。

第1問

　食べものと住むところを与えると，バクテリ
ヤは規則的に増えます。

　規則的というのは，一定時間ごとに分裂して
増えるということです。

　いま，1分ごとに2つに分裂するバクテリア
があります。10分後には何個になるでしょうか。

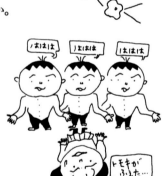

(1)　まず，カンで予想してみてください。

　はじめが1個のとき，

　　ア．100個ぐらい

　　イ．200個ぐらい

　　ウ．500個ぐらい

　　エ．1000個ぐらい

(2)　つぎに実際はどうか，計算してみてください。

　ぼくはイにする。

　私はウにするわ。

　1分後が2個，2分後が4個，3分後が8個，4分後は16個，……。あ

れ，どこかで聞いたぞ……。そうだ，「がまの油」だ。

なによ。その「がまの油」って。

落語のなかにある話でね。切り傷の薬の「がまの油」を売る人が，刀の切れ味をみせるために紙をつぎつぎに2つに切っていくときの「口上」に，

「1枚が2枚，2枚が4枚，4枚が8枚，8枚が16枚，……」

と，つぎつぎに2倍していくわけ。

これを10回やるわけだから……。

ちょっとまって。表にしてみるわ。

時　間	1	2	3	4	5	6	7	8	9	10
バクテリア	2	4	8	16	32	64	128	256	512	1024

あら，1024個よ。2人ともハズレね。

ぼくはカンはいいほうなんだけどな。でも，すごく多くなるんだね。

でも，このバクテリアの問題と，ブラックボックスはどういう関係があるのかしら。

ああ，そうだね……。

これは，入力 x が時間で，出力 y が個数で，働きが「1分ごとに2つに分

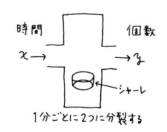

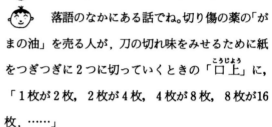

裂する」ということじゃない。ブラックボックスはシャーレだと思えばいい。

●「関数」の部屋

おみごと。これからは，なにかを見たら，いつもいまのように考えるようにしてください。

では，ここで，この国の人びとのいい表わし方，つまり，数学語の用語と規約をお話ししましょう。

まず，ブラックボックスのことを，その働きもふくめて**関数**といいます。また，入力と出力を表わす x, y という文字は，箱にいろいろな数が出たりはいったりする，つまり，「いろいろな値をとることができる」というので**変数**といいます。

そして，変数の値が，小数や分数までをも表わすときは，その変数のとりうる値の範囲を不等号≧や≦（>, <）を使って表わすか，数直線上に図示するようにします。

たとえば，x が2以上で8より小さいというときは，右の図のようにして表わすのです。

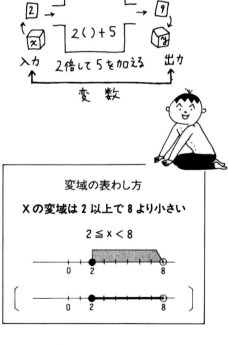

変域の表わし方

Xの変域は2以上で8より小さい

$$2 \leqq x < 8$$

●はその値もふくむ場合を示し，○はその値をふくまない場合です。

●と○はうまく考えましたね。○というのは，そこに穴があいていることだし，●というのは，その穴に点がはいったところを表わしているわけですね。

数学で使う記号は，ほんとうにうまく考えられているのね。よほど頭のいい人が考えたのね。

それは，いろいろな人がいろいろ考え，使われているうちに便利なものだけが残ったからですよ。そして，便利な記号が生みだされたことによって，数学の進歩は加速されたのです。それは，きみたちが使っている算用数字がいかに便利なものであるかということでもおわかりでしょう。

では，もう一度，さきほどの関数に話をもどしましょう。

もし，ある関数の働きがわかれば，それを式で表わすことを，まず考えるわけです。そして，働きが「2倍して5を加える」というものであれば，

$$y = 2x + 5$$

という式で表わすことにします。

ヘンなの。$2x + 5 = y$ のほうが，ブラックボックスのイメージとあっているのに。

そうですね。でも，関数の式というのは，それを使って入力 x がいろいろな値をとるときの出力 y の値を求めるのが目的なのです。だから，たとえば，$x = 10$ のときの y の値を求める計算では，うまくあうわけです。

$$
\begin{aligned}
y &= 2x + 5 \\
&= 2(10) + 5 \\
&= 20 + 5 \\
&= 25
\end{aligned}
$$

なるほど，数学語の規約の１つですね。とくに y が右になくてはぐあいが悪い，ということがなければ，しかたないんじゃないの。

まあ，そうしておいてください。ところで，「関数」を考えるとき，わたしたちは，「x の値を変えていったら，y の値はどう変わるか」ということに，もっとも注目します。そのため，この国の人びとは，

「y は，x の値によって決まる関数の値である」

ということを省略して，

「y は x の関数である」

という表現をすることもあります。

> 変数 x の値を決めると
> 変数 y の値が決まるとき、
> y は x の関数である。

ブラックボックスの働きが関数なんでしょう。そのほうが，イメージがはっきりしてよくわかりますよ。

私も。

そうですね。ここでは「関数」のイメージがいちばん大切ですからね。そして，いろいろなことがらを見たとき，そこにある「関数（働き）」を見つけよう，と目をこらすこと，つまり，「関数のメガネ」をかけて見るということが，科学的な考え方としてもっとも重要なことなのです。

つまり，このことがらに潜（ひそ）む「法則」はなにか，といつも気をつけて見ることですね。

私たちも「関数のメガネ」をかけて出かけましょう。

では，関数のメガネをかけて，この問題を考えてもらいましょう。

第 2 問

空の水槽に水を入れると，毎分 2 cm

の割合で水面が高くなります。

この水槽の高さが30cmであるとき，

つぎの問いに答えましょう。

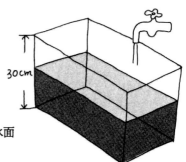

(1) 水を入れはじめてから 5 分後の水面

　の高さは何cmでしょうか。

(2) 水がいっぱいになれば，それ以上は水を入れることができません。この

　ことから，x の変域をもとめましょう。

(3) x 分後に y cm高くなるとして，y を x の式で表わしましょう。

　（入力を x，出力を y としてこの関数の式をつくることを，この国では，こ

　のように表わします。）

---

 (1)はかんたんだよ。

　　2〔cm／分〕×5〔分〕＝10 cm　　　　　　　　　　　　答え　10 cm

　　(2)は，30〔cm〕÷2〔cm／分〕＝15分　　　　　　答え　$0 \leqq x \leqq 15$

　　(3)は，$y=2x$　　　　　　　　　　　　　　　　　　答え　$y=2x$

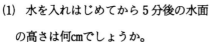 なるほど，$y=$……の形の式をつくるから，「y は x の関数である」という

いい方が使われるのね。

すると,「水面の高さは,水を入れはじめてからの時間の関数である」ということも可能なんですね。

●「関数あてゲーム」の部屋

 ちょっと話が固くなりましたから,ここでゲームをしましょう。「関数あてゲーム」といいます。

関数あてゲーム

(1) 出題者と解答者に分かれる。

(2) 出題者がブラックボックスになって,その働きを決めて記録する。ただし,その働きは,

    ○倍して□を加える

とする。

  また,○と□は絶対値が0から9までの整数とする。

(3) 解答者は,入力を1ついう。その値は0から9までの整数とする。

(4) 出題者は,ただちに計算して出力をいう。

(5) 解答者は何回かつづけているうちに,入力と出力の関係から働きを発見して解答する。

(6) 働きをあてるのは,1分以内であること。

(7) 正解であれば＋4点で,入力1つにつき－1点。つまり,入力は少ないほどよい。

---

(8) あてられなかったら－2点。

(9) 出題が悪かったり，出力をまちがえたら，出題者のみ－4点。

(10) 交替してやり，総得点で勝負をきめる。

まず，わたしが出題者になりますから，2人で挑戦してください。

はい。問題はこの紙に書いてあります。時間をはかります。

では，入力をなんにする？

適当になにかきめたら。

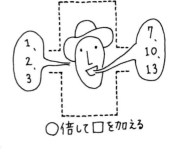

〇倍して□を加える

でも，いくつかの入力と出力から働きをあてるのよ。すこし考えて言わなくてはだめよ。

でも，1分以内だよ。早くしなくちゃ。

では，1から順にしましょう。そして，表にするわ。

x	1	2	3
y	7	10	13

ここで考えてみよう。そうだ。x の値を1つずつ増やしたら，y の値は3ずつ増えているよ。これは，〇か□が3だということじゃないかな。

そうね。じゃあ，〇を3にして考えてみる？

$x = 1$ のとき，$y = 7$。だから，$3(1) + 4$　ね。

$x=2$ のとき，$y=10$。だから，$3(2)+4$　ね。

できたわ！　もう1つ確かめてみましょうか。

$x=3$ のとき，$y=3(3)+4$

$$=9+4$$

$$=13$$

あったわよ。　$y=3x+4$ よ。

　すばらしいですね。それで正解です。このあ

と，2人でゲームをやってそのなかから，

　　関数 ○ $x+$□ のしくみ

をつかんでいただくのがいちばんよいのですが，ここ

では，わたしが解答者になって，最良の手順をお目に

かけますから，その理由をおふたりで考えてください。

　では，どうぞ出題してください。

　では，なるべくむずかしいのを。

　私たちも計算まちがいをしないようにしない

とね。

　はい，書きました。どうぞ。

　では，入力0と1でお願いします。

　0と1。これはかんたんだな。-4 と -7 で

す。

　その働きは，$y=-3x-4$ ですね。

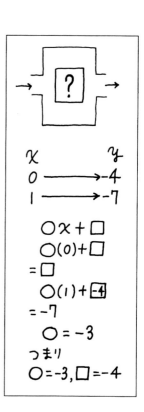

なるほど。$x=0$ ということは，そのまま□の値が出てくるわけね。

□がわかったら，$x=1$ では，

$$1×○=○$$

つまり，○＋$\boxed{-4}$＝-7　だから，○＝-3ね。つまり，

$$y=-3x-4$$

では，関数あてゲームのなかから，いくつかの場面を取りだして，問題にしてみましたので，どうぞ力だめしをしてみてください。

 （解答は252ページ）

1 下の図から，それぞれの関数の式を求めましょう。すべて，○x＋□の形です。

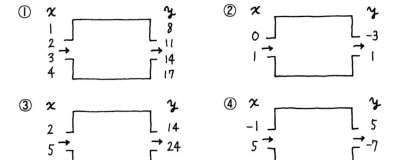

① x / y
1 → 8
2 → 11
3 → 14
4 → 17

② x / y
0 → -3
1 → 1

③ x / y
2 → 14
5 → 24

④ x / y
-1 → 5
5 → -7

2 つぎの表は，○x＋□の形の関数の表です。これについて，①②に答えましょう。

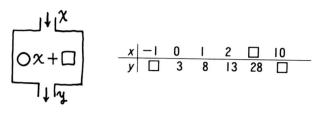

x	−1	0	1	2	□	10
y	□	3	8	13	28	□

① この関数を，$y =$ ……の形の式で表わしましょう。

② 表の空らんをうめましょう。

2 ● 「正比例」の館

●「自動車はブラックボックス」の部屋

👤 　まず，このビデオを見てください。題名は「怪盗ルペン 4 世と世界最大の
ルビー」です。

第 3 問

「怪盗ルペン 4 世と世界最大のルビー」

怪盗ルペン 4 世が A 国の広大な平原のなかにたつ古城の奥深くに秘蔵されて
いる世界最大のルビーを盗みだしました。

トランク型の超小型自動車を城壁の外に用意し，ガソリンを 3 カン用意して
逃走したことが判明しました。

セニガタ刑事が調べたところによれ
ば，その超小型自動車は，用意したガ
ソリン 1 カンで18km走れるそうです。

そこで，セニガタ刑事はルペン 4 世のかくれ家が城から半径○○kmにあると
推理したのです。

👤 　さて，セニガタ刑事は，ルペン 4 世のかくれ家が城から何kmの範囲にある
と推理したのでしょうか。

かんたんですよ。1カンで18kmで，3カンですから，

$$18 (\text{km/カン}) \times 3 (\text{カン}) = 54 (\text{km})$$

です。

　なんで，こんなかんたんな問題が出たのかな。きっとなにかべつの問題があるんじゃないかしら。

　やっぱり気がつきましたね。じつは，「自動車もブラックボックス」だ，ということを考えてほしかったのです。

　自動車がブラックボックス？

ブラックボックスだとすると，入力
x と出力 y は何かな。

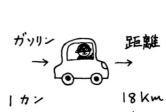

　入れたのはガソリンね……。

　わかった！

入力はガソリンで，出力は距離

だよ。

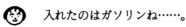

　つまり，自動車はガソリンを
距離に変えるブラックボックス，というわけね。

　よくわかりましたね。このブラックボックスでは，ガソリンの量が2倍，3倍……になると，距離も，2倍，3倍……になりますね。こういうのをなんていいましたっけ？

　正比例。

私は比例って習ったわ。

どちらでもいいでしょう。ただ、いろいろな「比例」がありますから、まちがいなくいうには「正比例」がいいでしょう。

ところで、この自動車、つまり、ブラックボックスの働きを、式で表わすことを考えてください。

入力 $x\,\ell$……、あれ、これではカンの容積がわからなくては、正確には表現できませんよ。

いいところに気がつきましたね。「働き」を正確に表現するためには、「量」が正確に表現されていなくてはだめですね。では、1カン 2 ℓ 入りということにしましょう。

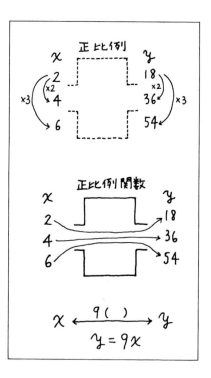

ということは、1 ℓ で 9 km だから、

$$y=9x$$

ということですね。

すると、正比例という場合は、入力 x が 2 倍、3 倍……になると、出力 y も 2 倍、3 倍……ということだけでわかるけれど、これを関数として、$y=$……という式にするためには、それぞれの量が「単位をつけて」表わされていないとダメなのだ、

ということですか？

 　スルドイ。じつは，この場合，ガソリンと距離という2つの量があって，自動車というブラックボックスをナカダチとして，正比例するという関係で結びつくわけです。

そして，この2つの量を，ガソリンを入力，距離を出力という新しい見方をすることによって，$y=9x$ という関数がつくりだされることになったわけです。

この9という数は，正確にいうと，

　　　　1ℓあたり9km

ということで，ガソリン1ℓで9km走れますという「自動車の性能」を表わす量なのです。これは，ふつう燃費（燃料消費効率）といわれています。

```
[Km]  [km/ℓ] [ℓ]
 y  =    9x

     9 km/ℓ
      燃費
```

 　そうか，燃費がいいっていうのは，そういうことだったのか。

どういうこと？

「9km／ℓより12km／ℓのほうが燃費がいい」なんていうんだけど，おなじ1ℓのガソリンで走れる距離が大きくなるほど効率がいいというわけ。つまり，自動車の経済性が優れているというわけ。

 　そうです。ガソリンと距離という，ともなって変わる2つの量のあいだの正比例という関係を考えることによって，燃費という新しい量が創り出されたわけです。

（解答は252ページ）

1　つぎの表は，空気 x ㎥中に酸素 y ㎥がふくまれることを示しています。

① 　y＝……の式を作りましょう。

② 　この関数で創りだされる新し

い量はどんな量ですか。

空気 x ㎥	2	4	6
酸素 y ㎥	0.4	0.8	1.2

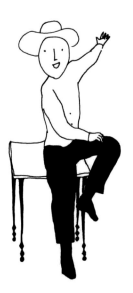

●「正比例」の部屋

　　　「正比例」から「新しい量」が生みだされるのは，自動車の例だけでなく，世の中には無数にあります。

　そこで，「正比例」ということを一般的に述べるにはどうすればいいかを考えてみましょう。これからは，とくに「正比例関数」といわずに「正比例」ということにします。が，「比例」といっても同じことを示しています。

正比例

　2つの変数 x, y があって，それがつぎのような式で表わされる関係にあるとき，y は x に比例するといいます。

$$y = ax$$

　　　いままで，〇とか□で表わしてきましたが，これからは a, b というような文字で表わすことにします。

　この場合，x, y はいろいろな値をとると考えますが，それに対して，a は一定の値（さきほどの例では $a = 9$）を表わしていますので，**定数**といいます。この場合，比例の式のなかの定数ですので，これを**比例定数**といいます。

　　　さっきの場合，a は「1ℓあたり9km」ということですね。

$$
y = ax \\
\uparrow \\
\text{比例定数}
$$

　　　つまり，$y = ax$ で，$x = 1$ のときの y の値ということね。

　そして，つぎのことがいえるわけですね。

$$正比例する \xleftarrow[\text{ならば}]{\text{ならば}} y = ax$$

では，つぎの問題を考えてみてください。だんだん，数学的な表現が出てきますから，すこしずつ慣れていくようにしましょう。

第4問

y は x に比例し，$x = 4$ のとき，$y = 12$ です。

(1) y を x の式で表わしましょう。

(2) $x = -3$ のときの y の値を求めましょう。

これはまた，味もそっけもない文章ですね。

でも，必要なことだけ書くということも大切なことじゃない？

とにかくやってみようか。

y は x に比例し────→ $y = ax$

と，まず，ここまではいいね。

つまり，和文数訳ね。

なに，それは？

和文，つまり，日本文を数訳，数学語に翻訳する，ということよ。

和文数訳

y は x に比例する。
↓
$y = ax$

なるほど。で，つぎは，$x=4$ のとき，$y=12$ か。

 つまり，$y=ax$ という式ができて，$x=4$ のとき，$y=12$ になるように a の値をきめる，ということでしょう。

つまり，(1)　$y=ax$

　　　　　　$12=a(4)$

　　　　　　$a=3$

だから，　　$y=3x$

　　　(2)　(1)で求めた式に $x=-3$ を代入して，

　　　　　　$y=3(-3)$

　　　　　　　$=-9$

答え　(1)　$y=3x$

　　　(2)　$y=-9$

では，こんどは，「味もそっけもない」式に味をつけてもらいましょうか。$y=3x$ という式で表わされるような「文章問題」をつくってみましょう。

1本やられたわね。

私はこんな問題をつくります。

15ℓ入りの空の水槽に毎分3ℓの割合で水を入れます。x 分後の水の量を y ℓ として，y を x の式で表わしなさい。

3ℓ/分

答え　$y = 3x$　〔$0 \leqq x \leqq 5$〕

 なるほど，x の変域が必要なんだね。

では，ぼくはこんな問題。

1辺 x cmの正三角形の周の長さを y cmと

して，y を x の式で表わしなさい。

答え　$y = 3x$

 なかなかやりますね。では，もうすこし進めることにしましょう。

第5問

直線の坂道があります。この坂道を20m

進むと，高さが1m低くなります。

(1)　この坂道を x m進んだときの高さを

y mとして，y を x の式で表わしまし

ょう。

(2)　この坂道を30m進むと，高さはどう

なりますか。

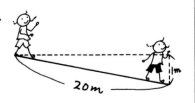

(3) この坂道を50m後退すると，高さは
どうなりますか。

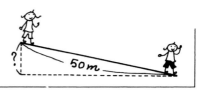

 (1) 直線の道なら，高さ y mは進む距離 x mに比例しているから，$y＝ax$
ね。

そして，$x＝20$のとき，$y＝1$だから，$a＝\frac{1}{20}$，つまり，$y＝\frac{1}{20}x$ $(y＝0.05x)$

(2) 30m進むと，$y＝\frac{1}{20}(30)＝1.5$

(3) 50m後退するのだから，$y＝\frac{1}{20}(-50)＝-2.5$

答え (1) $y＝\frac{1}{20}x$ (2) 1.5m低くなる (3) 2.5m高くなる

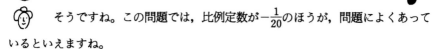 ちょっとまって。答えをみると，(2)は1.5m低くなるというのに，計算の式
では1.5だし，(3)は，2.5m高くなるというのに，計算では-2.5になっている。

ぼくだったら，こうやるよ。

(1) $y＝ax$ で，$x＝20$のとき，$y＝-1$だから，

$-1＝a(20)$ から，$y＝-\frac{1}{20}x$

(2) $y＝-\frac{1}{20}(30)＝-1.5$

(3) $y＝-\frac{1}{20}(-50)＝2.5$

答え (1) $y＝-\frac{1}{20}x$ (2) 1.5m低くなる (3) 2.5m高くなる。

なるほど。ナットク！ 私もトモキくんの式にする。

そうですね。この問題では，比例定数が$-\frac{1}{20}$のほうが，問題によくあって
いるといえますね。

第 6 問

　ケンスケくんは，四国の面積を求めようと
思いました。そこで，200万分の1の地図から
その図をうつして，それを厚紙に貼って，そ
の厚紙を切り抜きました。

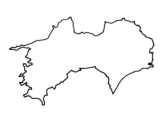

　その重さを測ったら，4.5gありました。

そこで，その厚紙の360cm²の重さを測ったら，36gでした。

　このことから，ケンスケくんは四国の面積を求めましたが，それは何km²だっ
たでしょうか。

　これは難問だ。この厚紙の面積は重さに比例するから，面積を y cm²，重さ
を x g とすると

$$y = ax$$

360cm²が36gだから，

$$360 = a(36) で，a = 10 〔cm²／g〕$$

つまり，$y = 10x$

四国は4.5gだから，

$$y = 10(4.5) = 45$$

200万分の1の地図で45cm²だから，

$$45 \times (2000000 \times 2000000)$$

$=180000000000000〔cm^2〕$

これは，18000km²

 面積の換算はいやね。大丈夫かしら。

 正確にいいますと，四国島の面積は18256km²ですから，まあまあ，よく推計ができたということでしょうね。

では，この「正比例関数」の部屋の最後の問題に挑戦してください。

第7問

ここに8cmのバネがあります。20gのおもりをつりさげると，8cmから6cmのびて14cmになりました。

(1) おなじ材料で作った16cmのバネにおなじ20gのおもりをつりさげたら，バネは何cmのびるでしょうか。つぎのア～ウから1つ選びましょう。

予想 { ア．3cm
       イ．6cm
       ウ．12cm

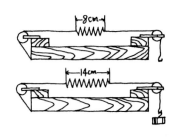

 長さが2倍になったのだから，のびる長さも2倍になるはずだから，

6cm×2＝12cm

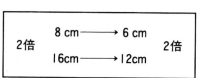

 ちょっと待ってよ。

バネをのばすには力がいるわ。そのバネ
の長さが2倍になったのに，バネにさげる
おもりはおなじ20gなのよ。

　だから，のびる長さは，半分で，

　　　$6\,\mathrm{cm}\div 2 = 3\,\mathrm{cm}$

　　そうか。でも，そんなこといえば，おもりがおなじだから，のびる長さは
半分になるけど，全体の長さが2倍になっているから，こういう答えだって考えら
れるよ。

　　　　$6\,\mathrm{cm}\div 2 \times 2 = 6\,\mathrm{cm}$

　　それじゃ，ア，イ，ウのどれかわからなくなるわ。

　　うう——ん。これはまいった。こうなったら，「量」でいくか。

　　どういうこと？

　　こういうときは，「1あたり量」を考えるのさ。

　8cmのバネが6cmのびたのだから，

　　　$6\,\mathrm{(cm)} \div 8\,\mathrm{(cm)} = \dfrac{3}{4}\,\mathrm{(cm/cm)}$

つまり，バネ1cmあたり$\dfrac{3}{4}$cmのびるわけでしょう。

　ということは，バネののび方は，この①〜③のよう
に不均等にのびるのではなくて，④のように，どこも
おなじようにのびて，その度合がどこの1cmあたりも
$\dfrac{3}{4}$cmのびるということなのだと思う。

　　なるほど。バネをのばすと，どこもおなじよ

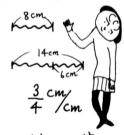

バネののび方

① ②
③ ④

うにのびるわけね。

　つまり，バネはブラックボックスで，「正比例関数」なんだよ。

入力を x 〔cm〕，出力を y 〔cm〕とすると，

$$y = \frac{3}{4}x$$

ということだと思うよ。

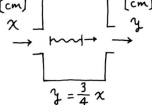

　比例定数の $\frac{3}{4}$ は，「バネ1cmあたりの

のびの長さが $\frac{3}{4}$ cm」ということね。

　だから，$x=16$ のときの y の値は，$y = \frac{3}{4}(16) = 12$

だから，正解はウというわけね。

　よくできましたね。まったくおみごとでした。では，実際にやってみます

から見ていてください。

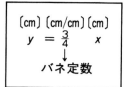

　やっぱり12cmになった。

　この比例定数の $\frac{3}{4}$ 〔cm／cm〕というのは，

「燃費」が自動車の「性能」だったことから考える

と，どういうことになるのかしら。

　この値が大きいと，「よくのびる」ということだね。でも，なんていうのか

な。

　これはバネ定数といって，バネの「やわらかさ」を表わしているわけです

ね。そして，とうぜんですが，バネにおもりをさげても，おもりをのぞけば，バネ

はもとの長さにもどる，という範囲内での性質です。また，これもとうぜんですが，

ぶらさげるおもりが20gのとき，という条件で $\frac{3}{4}$ 〔cm／cm〕という値が定数になる

わけです。

 おもすぎると，のびきってしまうわけですね。

 （解答は 252 ページ）

1 y は x に比例し，$x = 2$ のとき，$y = -14$ です。このとき，y を x の式で表わしましょう。

2 くぎ100本の重さが300ｇで，100ｇあたりの代金が30円です。このくぎ x 本の代金を y 円として，y を x の式で表わしましょう。

┌─ワンポイント・コーナー─────

バネ定数

　バネ定数を正確に表現するには，「バネ1cmあたり，おもり1ｇあたり」のバネののびを計算します。上のバネの場合は，$\dfrac{3}{4}$ [cm/cm]を20ｇでわって，$\dfrac{3}{80}$ [cm/g・cm]とします。

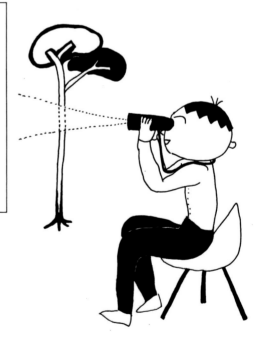

● 「グラフ」の広間

［グラフ］

この広間は「グラフ」の広間です。グラフについては，かなり学習されていることと思いますから，ちょっと見方を変えてやってみましょう。

第 8 問

毎時40kmの速さで北へ向かって走っている自動車があります。

この自動車のいまから x 時間後の位置を，いまの位置O（オー）から北へ y kmであるとして，その様子をグラフに表わしましょう。

まず，1時間後の自動車の位置を表わしました。

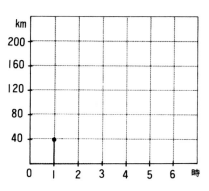

(1) 2時間後，3時間後，4時間後，5時間後の自動車の位置をかき入れましょう。

(2) 30分ごと，20分ごと，10分ごと，1分ごと，1秒ごと……と時間をどんどん細かくして，自動車の位置をかき入れると，どうなりますか。

---

 (1)はかんたんだな。…… 図①

 なるほど，●が自動車の位置で，その下の直線は走った距離ということね。

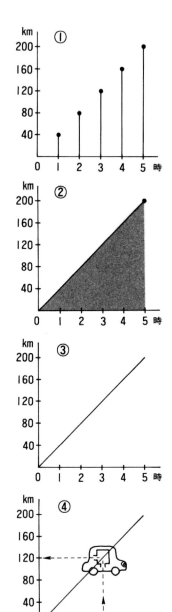

こうかくと，時間がたつにつれて，自動車がどれだけの距離を走ったかということと，どこにいるかという位置もよくわかるね。

でも，時間をどんどん細かくしていくと，まっ黒になってしまうわね。　……図②

なるほど，そこで自動車の位置だけを示す点だけにしたというわけか。つまり，グラフというのは，連続するストロボ写真でとった，瞬間ごとの自動車の位置だと思えばいいんだな。……図③

ということは，グラフもブラックボックスというわけね。

もし，「3時間後の自動車の位置は」ということなら，時間の「3」のところから垂直に直線をひき，グラフとの交点に自動車がいる，そして，その距離は，そこから直角にひいた直線が距離の「120」と交わるから，120kmのところにいるわけね……図④

[座標]

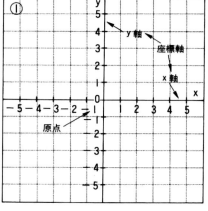

そうです。グラフでは「位置」ということが大切ですね。そこで，「位置」を正確に表現するための数学語について，すこし学習しましょう。

2本の数直線を，図①のように両方の原点で直角に交わるようにし，その交点を$\overset{\text{オー}}{O}$とします。

そして，横の数直線を x 軸または横軸，縦の数直線を y 軸または縦軸といい，両方をあわせて座標軸，点Oを原点というのです。

x 軸では右を正の方向，y 軸では上を正の方向にします。

こうして，ノッペラボーな平面に方眼のネットをかぶせることによって，平面上のすべての点の位置を表わすことができたのです。

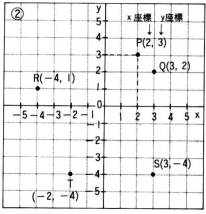

たとえば，図②の点Pは，原点から右へ2，上へ3だけ進んだところにあるので，

　　P（2，3）

と表わし，これを点Pの座標といいます。

そして，2を **x座標**または横座標，3を **y座標**または縦座標とよぶのです。

このとき，(x座標, y座標) という順序を忘れないでください。順序が変わると，P(2，3) とQ(3，2) のようにべつの点になってしまいます。

 もし，線上にない点だったら，小数や分数の座標を考えればいいんですね。

 そうです。では，座標の読みかたの練習をしましょう。

第9問

(1) 下の表の座標に対応する点をグラフから求め，その点に書きこまれた文字を表の空らんに記入しましょう。

	座　標	字
1	(5 , 4)	
2	(3 , −1)	
3	(−5 , 0)	
4	(5 , 0)	
5	(1 , 5)	
6	(0 , 0)	
7	(−2 , 2)	
8	(3 , −3)	
9	(0 , −2)	
10	(2 , 2)	
11	(−3 , 1)	
12	(−2 , −3.5)	
13	($1\frac{1}{2}$, −3)	
14	(−1.5 , −3)	
15	($-\frac{1}{3}$, 4)	

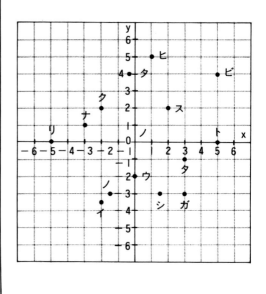

(2) できあがった15の文字からなる文章は，わたしからあなたへのメッセージ
   です。暗号文になっていますから，解読してください。

 なになに，ぼくたちへのメッセージですって。

 では，私が書きこむから，トモキくんが座標
の点にある文字を読んで。

 では，いくよ。

	座　標	字
1	(5 , 4)	ビ
2	(3 , −1)	タ
3	(−5 , 0)	リ
4	(5 , 0)	ト
5	(1 , 5)	ヒ
6	(0 , 0)	ノ
7	(−2 , 2)	ク
8	(3 , −3)	ガ
9	(0 , −2)	ウ
10	(2 , 2)	ス
11	(−3 , 1)	ナ
12	(−2 , −3.5)	イ
13	($1\frac{1}{2}$, −3)	シ
14	(−1.5 , −3)	ノ
15	(−$\frac{1}{3}$, 4)	タ

    1の（5，4）は ………ビ
    2の（3，−1）は ………タ
    3の（−5，0）は ……リ
    ⋮

なんだ，こりゃあ。「ビタリトヒノクガウスナイシノ
タ」だって。

 暗号文だといったでしょう。だから……。

 わかった。下から読めばいいんだ。

    「タノシイナスウガクノヒトリタビ」

というメッセージなんだ。

できましたね。こんどは，あなたたちが暗号文をつくってください。ただ
し，あまり長いものや読みにくいものは感心しません。字数は15−20字くらいが適
当でしょう。

第3章　比例と反比例の国　　151

暗号文のつくり方も，いろいろ工夫してみましょう。たとえば，「タヌキ」ということで，文中のタの字をぬいて読む，といったものもおもしろいですよ。

 これ気にいったなあ。こんど，友だちに暗号文の手紙を出してみよう。

 私も小学校の先生に出そう。

[$y=ax$ のグラフ]

では，正比例関数 $y=ax$ のグラフの特徴と，それを利用して「うまく」グラフをかくこととか，グラフを読みとることとかを学習しましょう。

第10問

　目盛り管のついた水槽があります。水を出し入れすると，目盛り管の水面は毎分 2 cm の割合で上下します。

　水を入れはじめてから何分かたった「いま」，基準線を越えました。

① x 分後の水面の基準線からの高さを y cm として，x と y の値の対応表をつくります。空らんをうめましょう。

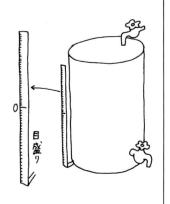

x(分)	−4	−3	−2	−1	0	1	2	3	4
y(cm)	−8		−4		0	2			

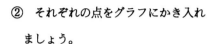

② それぞれの点をグラフにかき入れ
   ましょう。

③ y を x の式で表わしましょう。

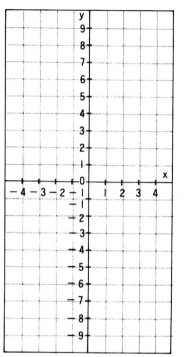

 まず, 表をつくって
みます。毎分2cmだから, 2
分後は4cm, 3分後は6cm
……。1分まえは−2cm……。

x(分)	−4	−3	−2	−1	0	1	2	3	4
y(cm)	−8	−6	−4	−2	0	2	4	6	8

このx, yの値を座標とする点をグラフにとればいいのね。たとえば,
(0, 0), (1, 2) ………… (−4, −8)の点ね。

点が一直線上に並んでいるんだよね。

ほら, たしかに一直線上にあるわ。

では，それを理論的に説明してください。

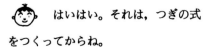 はいはい。それは，つぎの式をつくってからね。

$$y = 2x$$

それで，この比例定数の2というのは，

毎分2cmずつ水面が上がる

ということですね。つまり，どの時刻から測っても，1分あたり2cmずつ水面が上がるということだからです。

時刻をどんどん細かくすれば，点は1本の直線となります。と，これでいいでしょうか，ヒロコ先生。

 フフフフ……。

 それでいいですね。そのことを表で見ると，こうなっています。（右図）

 なるほど，比例定数の2というのは，こういうこ

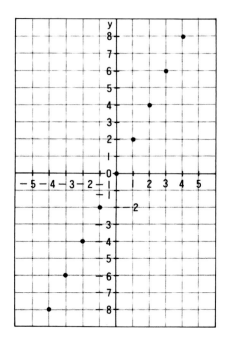

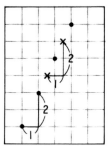

比例定数

$$y = 2x$$
↑
1分あたり2cm

*x*の増え方

	+1	+1	+1	+1	+1	+1	+1	+1
x	−4	−3	−2	−1	0	1	2	3	4
y	−8	−6	−4	−2	0	2	4	6	8

*y*の増え方（+2 +2 +2 +2 +2 +2 +2 +2）

とだったのか。これなら，「比例定数が見える」ね。

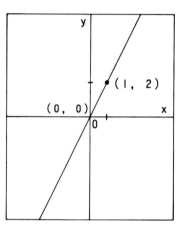

ほんとうね。

そうです。$y=ax$ のグラフは，「x が 1 増えるとき，y はつねに a だけ増える」ということが明らかなので，グラフをかくときも，このことが利用できます。

そうか。こういうことでしょう？

　グラフが**直線**───→ 2 点が決まればひける

　たとえば，$y=2x$ という正比例関数のグラフなら，

$$x=0 \text{ のとき，} y=0$$

$$x=1 \text{ のとき，} y=2$$

という 2 点をとって，直線をひけばいいのさ。

　これ，ブラックボックスでの関数あてゲームのときとおなじね。$x=0$ と 1 のときの y の値を求めたでしょう。

　なるほど，うまくつながっているんだね。

　そして，もし，比例定数が正の数なら，x が増えれば y も増えるし，負の数なら，x が増えれば，y は減るのよ。

　まとめると，こうなります。

$y=ax$ のグラフ

　正比例関数 $y=ax$ のグラフは原点を通る直線です。

1　$a > 0$ のとき,

　x が増加すれば，y も増加します。グラフは**右上がり**の直線になります。

2　$a < 0$ のとき,

　x が増加すれば，y は減少します。グラフは**右下がり**の直線になります。

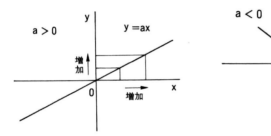 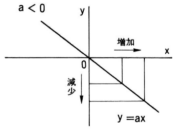

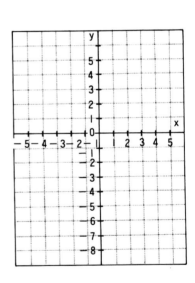

もんだい　（解答は253ページ）

1　つぎの関数のグラフをかきましょう。

　①　$y = \dfrac{1}{2}x$　　　②　$y = -2x$

2　つぎの関数のグラフで，x が増加すると，

　y が増加するものはどれですか。

　①　$y = \dfrac{2}{3}x$　　　②　$y = -5x$

[グラフを読む]

いよいよ，「正比例関数」についての学習も終わりに近づきました。そこで，最後に「グラフを読む」ということをやりましょう。

第11問

ケンスケくんが，$y = ax$ のグラフを5本かきましたが，原点のあたりを妹のユウコさんが破いてしまいました。

ケンスケくんのかいたグラフはどんな式のグラフだったのでしょうか。

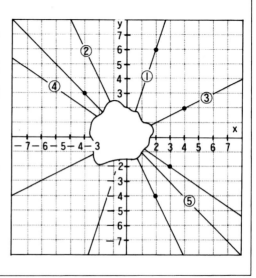

せっかく，原点と $x = 1$ のときの点，という2つの点からグラフがかけるし，その逆もできると思ったら，さすがにうまいこと聞いてきましたね。

「敵もさるもの」ね。

でも，「関数あてゲーム」でやればいいのよ。

まず，$y = ax$ の a の値を求めればいいのだから，1点の座標がわかればいいわけよ。

①は，点（2，6）を通るから，$x=2$のとき，$y=6$になる

　　$y=ax$　に代入して，$6=a(2)$，$a=3$

　　　　　$y=3x$

②は，点（2，−4）を通るから，$x=2$のとき，$y=-4$。

　$-4=a(2)$，$a=-2$

　　　　$y=-2x$

③は，点（4，2）を通るから，$x=4$のとき，$y=2$。

　　　　$2=a(4)$，$a=\dfrac{1}{2}$（または，0.5）

　　　　$y=\dfrac{1}{2}x$（または，$y=0.5x$）

④は，点（3，2）を通るから，$x=3$のとき，$y=2$。

　　　　$2=a(3)$，$a=\dfrac{2}{3}$

　　　　$y=\dfrac{2}{3}x$

⑤は，点（−3，3）を通るから，$x=-3$のとき，$y=3$。

　　　　$3=a(-3)$，$a=-1$

　　　　$y=-x$

　　グラフをみていると，比例定数が大きくなると，傾きが急になっているね。

　　ちょっと不正確よ。

比例定数aの絶対値が大きいほど，傾きが大きくなるとしたらいいんじゃない？

　　そうですね。このことから，どの関

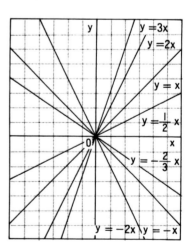

数が変化のしかたが激しいかということが，グラフの傾きを見ただけでわかりますね。

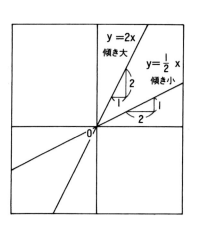

これも，比例定数が「1あたり量」だからですね。「1あたり量が大きい」ということは変化が激しいということだからね。

では，実際に使われているグラフから，いくつかの内容を読みとってみましょう。

第12問

右の図は，24km離れたA町とB町のあいだを走っているバスの運行のようすを示したものです。

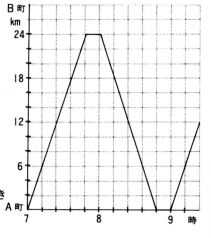

(1) バスの時速はいくらでしょうか。

(2) ケンスケくんは自転車に乗って，毎時10kmの速さで，7時にB町を出発して，A町まで来ました。

　　このようすを，上のグラフにかき入れましょう。

(3) ケンスケくんが，A町からくるバスと最初に出会うのは，A町から何kmの地点で，何時何分でしょうか。

このグラフは，バスがブラックボックスで，時刻を入力すると，A町から
の距離が出力としてでてくるんだね。

つまり，このバスは，7時にA町を出発して，7時40分に24km離れたB町に着き
……。

ちょっと待って。時間の目盛りは，1時間が5等分してあるんだから，1
目盛りが12分よ。

ほんと。これだから時間の計算はいやなのさ。もう一度。

7時にA町を出発，7時48分に24km離れたB町へ着き，12分休んで，8時にA町
に向かう……。

(1) バスの時速は，48分で24km行くか
ら，1あたり量は，

$$24〔km〕÷48〔分〕=\frac{1}{2}〔km／分〕$$

時速だから，

$$\frac{1}{2}〔km／分〕×60〔分〕=30〔km〕$$

答え　毎時30km

つぎは私にやらせて。

(2) 7時にB町を出発して，毎時10kmだから，1時間後にB町から10kmのところ
ね。つまり，こうよ（図の点Q）。

毎時10kmというのはすこしおそいな。ぼくなら15kmは出せるよ。

(3) バスと最初に出会うのは，バスのグラフと自転車のグラフの交点（図の点P）
だから，ここは……。

答え　A町から18km，時刻は7時36分

![icon] グラフのつぎの交点は，バスに追いこされる点でしょう？

正確にはわからないけど，8時30分ごろで，A町から9kmほどの地点ね。

![icon] そして，またバスと出会うのが，9時5分ぐらいで，A町から3kmぐらいの地点ね。

![icon] どうですか。グラフをうまく使っているでしょう。これは，「ダイヤグラム」といって，輸送関係で使われているものです。

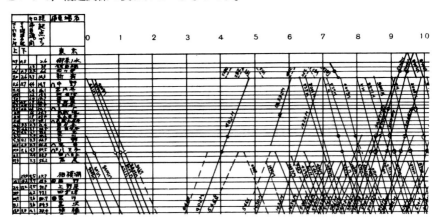

明治時代に鉄道省（現在はＪＲ）がよんだ外人技師のＷ．Ｆ．ページという人は，汽車を走らせるのにこのダイヤグラムを作っていたのですが，これを秘密にしていたので，日本人は魔法使いのように思っていたということです。

![icon] グラフがそんなところに使われているなんて知らなかったわ。

もんだい　（解答は253ページ）

1　右のグラフは，下の⑦～㋐までの関数のものです。

　グラフの①～⑤を対応させましょう。

⑦　$y = -2x$

④　$y = -\dfrac{2}{3}x$

⑨　$y = x$

㋑　$y = 2x$

㋔　$y = \dfrac{1}{2}x$

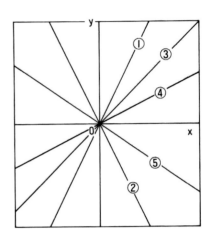

2　右のグラフの式を書きましょう。

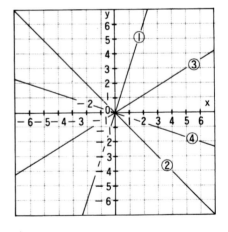

─ワンポイント・コーナー─

　ダイヤグラム

　ダイヤグラム（diagram）というのは図とか線図という意味です。

3 ● 「反比例」の館

●「反比例関数」の部屋

 こんどは，「反比例」の館にご案内しましょう。まず，変化する2つの量の関係について，基本的なことがらをどれだけ理解しているかを自分で確認してみてください。

第13問

① つぎの①から④までのなかで，y が x に比例しないものはどれですか。

① 重さが500gのびんに，さとう水を xg いれたときの全体の重さは yg です。

② 横の長さが8cmの長方形の，たての長さを x cmとすると，面積は y cm²になります。

③ 80kmの道のりを，自動車が時速 x kmで進むと，y 時間かかります。

④ 120cmのひもで長方形をつくるとき，たての長さを x cmにすると，横の長さは y cmです。

 なんだか学校のテストみたいだな。

 2つの考え方があるわね。

1つは，y を x の式で表わして，式の形から判断する。

1つは，一方の値を2倍，3倍……にしたら，他方の値が2倍，3倍……になるかで判断するということ。

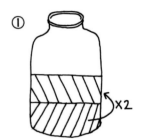

👦 では，ぼくが「後」のほうで考えてみるよ。

①では，全体の重さは，それにびんの重さ500gをプラスしたものだから，さとう水を2倍，3倍……にしても，全体の重さは2倍，3倍にはならない。　　　　　　　　　（○）

②では，たての長さを2倍，3倍……にすると，面積は2倍，3倍……になる。　（×）

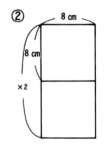

③では，時速が2倍，3倍……になると，かかる時間は$\frac{1}{2}$倍，$\frac{1}{3}$倍……になる。　（×）

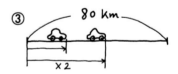

さて，④だけど，たてを2倍にしたら，横はどうなるかな？

これは，ちょっとわからないや。数で確かめてみよう。

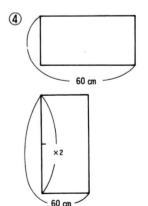

たてを10cmから20cmにすると2倍，すると，横は，50cmから40cmになり，2倍にはならないから，これもだめ。　　　　　　　　　（○）

👧 これは，$y=$……の式をつくって考え

るほうがラクよ。

①は，（びんの重さ）＋（さとう水の重さ）＝（全体の重さ）

$$\Downarrow \qquad\qquad \Downarrow \qquad\qquad \Downarrow$$

$$500 \; [g] \quad + \quad x \; [g] \quad = \quad y \; [g]$$

つまり，$y=x+500$

これは，正比例ではないわ。

②は，（横の長さ）×（たての長さ）＝（長方形の面積）

$$\Downarrow \qquad\qquad \Downarrow \qquad\qquad \Downarrow$$

$$8 \; [cm] \quad \times \quad x \; [cm] \quad = \quad y \; [cm^2]$$

つまり，$y=8x$

これは，正比例よ。

③は，（速さ）×（時間）＝（道のり）

$$\Downarrow \qquad\qquad \Downarrow \qquad\qquad \Downarrow$$

$$x \; [km/時] \times y \; [時] \; = \; 80 \; [km]$$

つまり，$y=80\div x=\dfrac{80}{x}$

これは，正比例ではないね。

④は，（たての長さ）＋（横の長さ）＝（長方形の周）÷2

$$\Downarrow \qquad\qquad \Downarrow \qquad\qquad \Downarrow$$

$$x \; [cm] \quad + \quad y \; [cm] \quad = \quad 60 \; [cm]$$

つまり，$y=60-x$

これは，正比例ではないわ。

そうですね。関数が式で表わせるときは，式の形で判断したほうがラクですね。さて③の場合，これを表で示してみると，x が2倍，3倍……になると，たしかに y は $\frac{1}{2}$ 倍，$\frac{1}{3}$ 倍……になっていますね。こういう場合，2つの量は反比例するといいます。

x(km/時)	1	2	3	4	5	6	……
y(km)	80	40	$\frac{80}{3}$	20	16	$\frac{40}{3}$	……

反比例関数

　2つの変数 x と y の関係が，つぎのような式で表わされるとき，y は x に**反比例**するといいます。

$$y = \frac{a}{x}$$

a を比例定数といいます。

反比例関数の式は，$y = \frac{a}{x}$ より，$xy = a$ のほうがいいんじゃないですか。いまの問題でも，

$$(速さ) \times (時間) = (道のり)$$

$$xy = 80$$

ですよ。

でも，表をつくって x から y を求めるときは，$y = \frac{80}{x}$ のほうが計算しやすいわ。

まあ，どちらでもいいでしょう。できれば，両方おぼえておいてください。

では，「反比例関数」の部屋にある問題をやってみましょう。

第14問

ケンスケくんの自転車には，5段変速ギヤがついています。

歯車Aは歯数が12で，歯車Bは歯数24です。

① Aが60回転すると，Bは何回転しますか。

② 歯車Aの回転数をx回，歯車Bの回転数を

y回として，yをxの式で表わしましょう。

③ 歯車CもBとおなじく歯車Aと連動して回

転します（右図参照）。歯車Aが1分間に60回

転するとき，歯車Cの歯数をx，回転数をy回

として，yをxの式で表わしましょう。

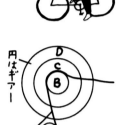

歯車も反比例なんだな。何と何が反比例なのかな……そうか，歯数が2倍になると，回転数が$\frac{1}{2}$になるわけだな。

① $60 \div 2 = 30$ 　　　　　　　　　　　答え　30回転

だめよ。いまは「反比例関数」の部屋にいるから反比例とわかるけど，どんな場合でも考えられなくては，ほんとうにわかったことにならないわ。

それもそうだ。学校のテストじゃないんだしね。

では，正面から考えまして……。

Aが60回転するということは，点Pをチェーンの穴が，

$12〔個／回〕 \times 60〔回〕 = 720〔個〕$

通ったことになる。このことは歯車BのＱ点も，

チェーンの穴が，720個通ったことになる。Ｂの歯

車は24だから，回転数は，

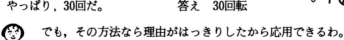

$$720〔個〕÷24〔個／回〕＝30〔回〕$$

やっぱり，30回だ。　　　　　　答え　30回転

でも，その方法なら理由がはっきりしたから応用できるわ。

　このことをまとめると，Ａ・Ｂ２つの歯車がかみあっているときは，つぎの関係

があるということね。

$$（Ａの歯車）×（Ａの回転数）＝（Ｂの歯数）×（Ｂの回転数）$$

　そして，（歯数）×（回転数）というのが，ＰやＱを通るチェーンの穴の数，つま

り，その点を通る「歯」の総数ということなのね。

②　上の関係式にあてはめると，

$$12×x＝24×y \longrightarrow 12x＝24y$$

両辺を24でわって，$\frac{1}{2}x＝y \longrightarrow y＝\frac{1}{2}x$

　あれ，これは正比例関数だ。歯車にも正比例があるんだな。

　そうよ。だから，「Ｂの回転数はＡの回転数の$\frac{1}{2}$」だったじゃない。

　なるほど。では，つぎにいきましょう。

③　これも，さっきの式にあてはめればいいから，

$$（Ａの歯数）×（Ａの回転数）＝（Ｃの歯数）×（Ｃの回転数）$$

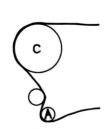

12	×	60	=	x	×	y
		xy	=	720	$\left(y＝\frac{720}{x}\right)$	

これは，反比例関数だね。

ブラックボックスを考えると，こうなるね。入力と出力から「関数」を考えるときは，$y = \dfrac{a}{x}$ という式のほうがいいのかな。

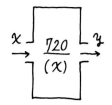

だいぶ数学的に考えられるようになってきましたね。では，「数学的」な問題にいきましょう。

第15問

1 y は x に反比例し，$x = 8$ のとき，$y = -9$ です。

 ① y を x の式で表わしましょう。

 ② $x = -4$ のときの y の値を求めましょう。

またまた，「数学語」ね。

まず，「y は x に反比例する」を翻訳すると，

$$y = \frac{a}{x}$$

① この式に，x と y の値を代入すると，

$$-9 = \frac{a}{8} \longrightarrow a = -72$$

$$y = -\frac{72}{x}$$

② ①の式に $x = -4$ を代入すると，

$$y = \frac{-72}{-4} = 18$$

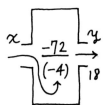

だいぶ「数学語」の使い方にも慣れましたね。あと

はいくつか問題をやって確実なものにしましょう。

●ん●
も だい　　　（解答は 253 ページ）

1　ケンスケくんの家のお風呂は，いつもは，毎分10ℓずつ水を入れて，24分でい
　　っぱいになります。

　①　きょうは，20分でいっぱいにしたいと思います。毎分，何ℓずつ入れればよ
　　　いでしょうか。

　②　毎分 x ℓずつ入れると，y 分でいっぱいになるとして，y を x の式で表わしま
　　　しょう。

　③　y の変域をいいましょう。ただし x の変域は $5 \leqq x \leqq 12$ です。

┌─ワンポイント・コーナー─────────────────────
│
│　　反比例
│
│　　小説のなかで「反比例」という言葉が使われることがありますが，数学的
│
│　に正しい，というわけではありません。たとえば，
│
│　「松岡の口調が次第に鋭くなるのと反比例して石川の顔から血の気が失せ，身
│
│　体がこきざみに震えてきた」（森村誠一『科学的管理法』）
│
└──────────────────────────────────

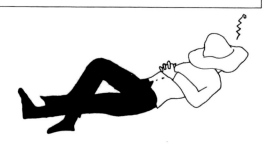

●反比例関数のグラフ

 いよいよ「比例と反比例」の国ともおわかれです。では，さきほどの「グラフの広間」にもどって「反比例関数のグラフ」を学習しましょう。

反比例のグラフも，x と y の値をグラフにとっていけばいいんでしょう。

第16問

　水槽に水を入れ，ガラスの仕切り板を側面と平行に左右に動かします。
そのとき，水面の横の長さを x cm，水面の高さを y cmとします。

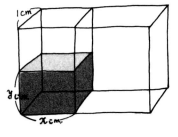

① $x = 1$ cmのとき，$y = 6$ cmでした。このことから右の表を完成しましょう。

x(cm)	1	2	3	4	5	6
y(cm)	6					

② y を x の式で表わしましょう。

③ この水槽で，横の長さを 1 cmずつ変えたときの水面のようすを正面から見たときの図で表わしてみました。右の図を完成しましょう。

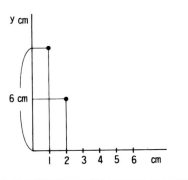

 水の体積は，

$$1\,\text{cm} \times 1\,\text{cm} \times 6\,\text{cm} = 6\,\text{cm}^3$$

もし，横が2cmなら，底面積は2cm²だから，高さは3cm。

横が3cmなら，高さは2cm。

横が4cmなら，高さは1.5cm。

⋯⋯⋯⋯⋯⋯

この水槽は，奥行きが1cmだから，正面の面積だけで考えていいわけだね。つまり，長方形の横の長さ x cm，たての長さ y cmか。

つぎは，②ね。これは反比例で，比例定数は，x，y の積だから，

$$y = \frac{6}{x}$$

あれっ，③は，水槽の水の柱の右上の点だ。つまり正面の長方形の右上の点は，座標になっているんだ。

はじめの点は（1，6）だ。

それで，x の値を細かくとっていけば，これらの点がなめらかな曲線になるのね。

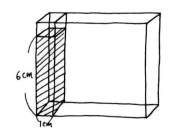

①

x(cm)	1	2	3	4	5	6
y(cm)	6	3	2	1.5	1.2	1

②

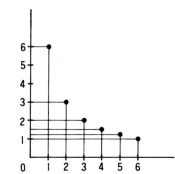

③

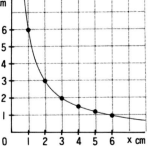

 これなら，グラフもイメージできるね。

 では，もうすこし「数学的」にしてみましょう。これをやってください。

第17問

　つぎの関数のグラフをかきましょう。電卓を使って計算して，下の表を完成させてからやりましょう。

① $y = \dfrac{12}{x}$

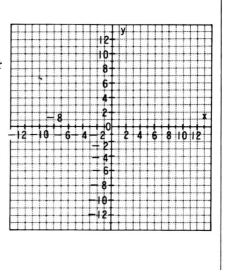

x	1	2	3	4	5	6
y						

x	7	8	9	10	11	12
y						

 電卓を使っていいならかんたんだよ。

x	1	2	3	4	5	6
y	12	6	4	3	2.4	2

x	7	8	9	10	11	12
y	1.7	1.5	1.3	1.2	1.1	1

（小数第2位を四捨五入）

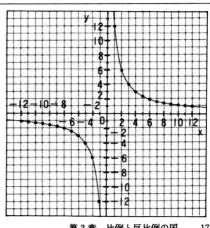

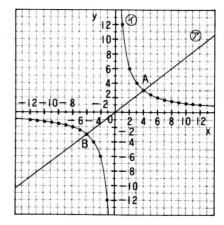

👧 　xがマイナスのときも考えるのよ。そのときは，y の値もこのまま符号を変えればいいのね。

👦 　かけましたね。では，反比例関数のグラフについて，まとめてください。

反比例関数のグラフ

　反比例関数 $y = \dfrac{a}{x}$ のグラフは，なめらかな2つの部分からなる曲線になりますが，これは**双曲線**（そうきょくせん）とよばれます。

では，最後の問題です。

もんだい　（解答は253ページ）

1　右の図で，⑦は正比例，⑦は反比例
を表わすグラフで，点A（4，3）と，
点Bで交わっています。

　①　⑦のグラフの式を書きましょう。

　②　⑦のグラフの式を書きましょう。

　③　点Bの座標を求めましょう。

　④　x軸上の6を通り，y軸に平行な
　　直線をひき，グラフ⑦⑦とそれぞれ
　　交わる点をP，Qとするとき，線分

PQの長さを求めましょう。ただし，座標の1目盛りは1cmとします。

第 4 章
図形の国

I ● 「平面図形」の街

●「数学語」のコーナー

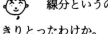　「図形」の国を旅するために，まず，図形の国の数学語の学習をしておき
ましょう。

　すぐにおぼえてしまう必要はありませんが，旅をするのにさしつかえない程度に
はなっておきましょう。

　直線AB　2点A，Bを通る直線。

　線分AB　直線ABのうち，AからBま
での部分。

　半直線OA　1点Ōから出る直線。

　∠AOB　1点Oから出る2つの半直線
のつくる角。

　　　　線分というのは，直線の一部分を
きりとったわけか。

　半直線というのは半分の直線か。直線というのは両方にどこまでもつづいている
ものだったね。

　　　　そうです。しかし，両方に無限にのびたものはかけませんから，かかれた
ものをそう思って見ることが大切です。また，混乱しないことがはっきりしている
場合は，直線というコトバで，線分も半直線も表わしてしまうことがあります。

また，図でわかるときは，線分（辺）という
コトバも省いてしまいます。

たとえば，右の図で，

　　ＡＢ＝ＡＣ

と書くと，これは線分ＡＢと線分ＡＣの長さが
等しいことを示しています。

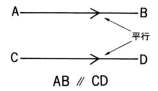

　　ＡＢ∥ＣＤ　直線ＡＢと直線ＣＤが平行。

　　ＡＢ⊥ＣＤ　直線ＡＢと直線ＣＤが垂直。

　２直線が垂直であるとき，一方の直線を他方
の直線の**垂線**といいます。

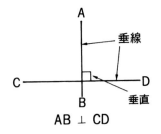

　　なるほど，「∥」や「⊥」の記号は「カ
タチ」からつくられたわけですね。

　　また，直線 ℓ 上にない点Ｐから直線 ℓ
におろした垂線と ℓ との交点をＱとしたとき，
線分ＰＱの長さを，点Ｐと直線 ℓ との**距離**とい
います。

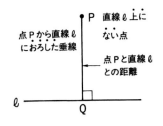

　　直線は，「ℓ」で表わすこともあるので
すか。

　　そうです。ただ「ある直線」というこ
とをいいたいときなどは「ℓ」で表わします。

　なお，「Ｐ」は英語の Point の「Ｐ」からとりました。だから，もう１つの点が必

要なら，アルファベットのPのつぎの「Q」を使います。

また，「ℓ」は，英語の line の「ℓ」からとりました。

じゃあ，2本目の「ある直線」は「m」で表わすんですか。

そのとおりです。これで，入門期の「数学語」の学習は終わりです。ちょっと記憶を確かめてから，つぎへ進むことにしましょう。

| 点は大文字 |
| 線は小文字 |
| 点：Point |
| 直線：line |

もんだい （解答は 253 ページ）

1 つぎのことがらを「数学語」で書きましょう。（③は図示してください。）

① 直線 ℓ と m は平行である。

② 線分ABとCDは垂直である。

③ 頂点Oの角AOBの辺AO上に点Pをとりましょう。

④ ⑦の角は④の角の2倍である。

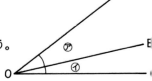

2 直線上に，A，B，C，Dの4つの点が順にならんでいて，AB＝BC，2BC＝CD，CD＝30cmです。

① ABの長さはいくらでしょうか。

② ABとCDの長さの関係を式に表わしましょう。

③ ADの長さはいくらでしょうか。

●「作図」のコーナー

では，ここでは，定木とコンパスを使って**作図**することを練習しましょう。

まず，数学で作図というときは，ふつう，「定木とコンパスによる」という意味だ，ということをおぼえておいてください。定木のことを定規とも書きますが，どちらもおなじと考えていいでしょう。

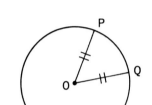

つぎに，

定木は，（2点を結ぶ）直線をひくためだけに使う

コンパスは，円をかく（1点から距離が等しい点をとる）ためにだけ使う

ということを知っておいてください。

この，

ア．直線をひく

イ．円をかく

$$OP = OQ$$

という2つの条件だけを使って作図するわけです。

まず，作図の「2要素」ともいうべきものをやってみましょう。

[線分の垂直2等分線]

右の図で，

$$AM = MB, \quad \ell \perp AB$$

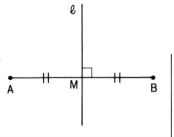

になるとき，**直線 ℓ を線分ＡＢの垂直２等分線**といいます。

また，**Mを線分ＡＢの中点**といいます。

では，定木とコンパスを使って，「線分ＡＢの垂直２等分線 ℓ」を作図してください。そして，なぜ，その作図が正しいのかも説明してください。

①

ＡＢの中点をとって，そこからＡＢに垂線をひけばいいんじゃないの。

でも，ＡＢの中点Mをどうやってとるの？

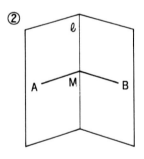

そうか。ものさしではかるわけにはいかないのか……。

まず，「やってみる」ことさ。小さな紙に線分ＡＢをかいて，２つに折ってみれば，どんなぐあいになるか見当がつくんじゃない！

こうやってみれば（図②），この折り目の線が直線 ℓ だよ。

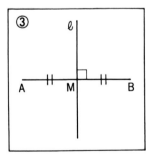

これをひろげると（図③），ＡＢと ℓ の交点が，中点Mだ。

そこで，この直線 ℓ をどうやってひくかを考えればいい。

なるほどね。

つぎに直線をひくには，「２つの点」が必要よ。それをどうやってとるかよ。

ちょっと見て。このℓ上にある点は，どの点でもＡ，Ｂまでの距離は等しいよ。たとえば，

ＰＡ＝ＰＢ

になるよ。

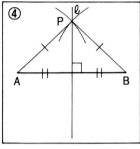
④

そうね。そして，その点Ｐは，ＡとＢからおなじ半径の円をかいたときの交点よ……図④。

これで，１点がきまったね。もう１点だ。

Ｐと正反対の位置にＱをとればいいのよ。そして，ＰとＱを結ぶ……図⑤。

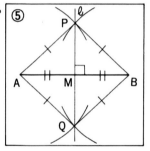
⑤

これが，線分ＡＢの垂直２等分線の作図よ。

点Ｑは，べつに，点Ｐと線分ＡＢについて対称な点でなくてもいいんじゃないの。

ほら，図⑥でも作図できるよ。

そうね。もしＡＢの下側に点Ｑがとれないときなどは，こうするのね。

ポイントは，

「２点Ａ，Ｂから等距離にある点を２つとる」

ということね。

でも，ふつうは図⑤のほうがかんたんにかける

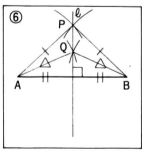
⑥

わね。

　さあ，こんどは，それが正しいという説明を考えなくちゃあ。

　わかっていることは，

$$PA=PB=QA=QB$$

ね。

 　　四角形PAQBはひし形だ。

「ひし形を対角線で切ると，4つの合同な直角三

角形ができるから」

ということじゃない？

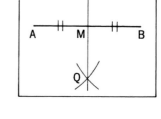

 　　まあ，中学1年生としては，よくできたといえますね。この「線分ABの

垂直2等分線」の作図を「ひっくり返して」考えると，

「2点A，Bを通る円の中心は，2点を結ぶ線分

ABの垂直2等分線上にある」ということです。

 　　このことは，2点を通る円を作図すると

きに使うのですね。

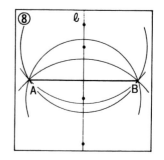

 　　これは，ジェット機が空港に着陸すると

きに使われる電波誘導の原理ですね。2つの点か

ら発せられている電波をキャッチして，その点か

らジェット機までの距離を知り，それを変えないように飛んでいけば，正しく滑走

路に入ることができるわけですね。

 　　そうですね。ほかにもいろいろありますが，電波誘導の原理の1つですね。

［角の2等分線］

右の図で，∠AOP＝∠BOPになるとき，
半直線OPを∠AOBの2等分線といいます。

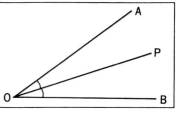

では，定木とコンパスで，∠AOBの2等分線を作図して，その正しい理由ものべてください。

これもまず，紙で折ってみることにしよう。

まず，∠AOBをかいて，OAとOBが重なるように折れば，その折り目が∠AOBの2等分線OPになるはずだね。…………図①

これをひらいて。…………図②

直線をひくのだから，2点が必要になるね。

1つは頂点Oよ。だから，あともう1点をとればいいのよ。

OP上の点は，どんな性質をもっているかというと……。

さっきは「合同な三角形」をつくったから，ここでもおなじことを考えてみたらどうかしら。

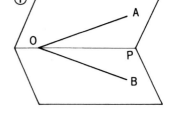

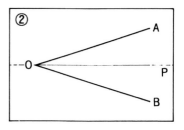

すると，合同な三角形をつくるには，3つの辺が等しければいいね。

そうか，これならコンパスが使えるよ。

　つまり，この図③のように，

　　QO＝RO，PQ＝PR

になるような，Q，R，Pをとればいいわけだ。だから，

　　① Oを中心に勝手な長さの半径の円をかき，2辺との交点をQ，Rとする。

　　② Q，Rを中心として，等しい半径の円をかき，その交点をPとする。

　　③ 半直線OPをひく。

　説明はかんたんね。

「2つの三角形PQOとPROが合同だから」

　そうですね。正確にいえば，その後に，「合同な三角形の対応する角は等しいから」といえばいいんでしょうね。

　ついでにつけ加えておきますと，「角の2等分線上の点から2辺までの距離は等しい」ということです。

　ここで，つぎの2つの文をみて，なにかみ

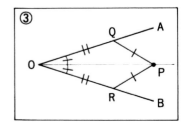

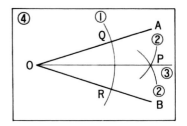

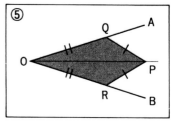

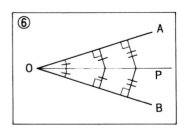

つけてください。

○線分ＡＢの垂直２等分線は，２点Ａ，Ｂから等距離の点の集まりである。

○角ＡＯＢの２等分線は，２辺ＡＯ，ＢＯから等距離の点の集まりである。

 なるほど，「２点」と「２辺」がちがうだけなんですね。

そうです。これからも，こういう見方を忘れないでいてください。いろいろなことがらが，まとまって理解できるようになります。では，確かめる意味でつぎの問題をやってください。

　　　（解答は253ページ）

いなかの親類の蔵の整理を手伝っていたケンスケくんは，古文書(古い書物)を見つけました。

字は読めませんが，どうも「宝」を埋めた場所が書いてあるようにみえました。そこで，おじいさんに読んでもらったら，つぎのような内容でした。

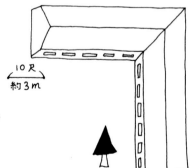

① 庭の一本松の根元から20尺のところ。

② 家の作る角を２つに分けた線の上。

③ 一本松の真北（図の上方向）にある。

では，その場所を図の中にかき入れましょう。

［ミニ・マックス問題］

では，このコーナーの「難問」をさしあげましょう。しっかり作図してください。

第1問

「三角島」には世界最大のダイヤモンドがあります。このダイヤをねらうインベーダーから守るために，島の3つの海岸線のどこからも，もっとも遠い地点に置いてあります。その地点をみつけてください。

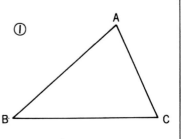

①

「どこからも，もっとも遠い」ということは，点P（図②）のようなところはダメということだね。

そうね。ABからは遠いけど，BCやACからは近いわね。

ヒラメキ！ つまり，3辺から「等距離」ということだ。（図③）

「2辺から等距離」は角の2等分線よ。

それを2回やればいいわけさ。

そうか。∠ABCの2等分線上の点なら，2辺AB，BCから等距離で，

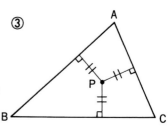

②

③

∠BCAの２等分線上の点なら，２辺BC，CAから等距離というわけね。

つまり，AB，BC，CAから等距離になる。

④

これでできた（図④）。でも，もう１本，∠CABの２等分線をひいたら，どうなるのかな。やってみよう……。

やっぱり一致したな。（図④）

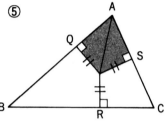

三角形の３つの角の２等分線は１点で交わるのね。なぜか説明できないかしら。

⑤

斜線の２つの三角形の合同を使うんだね，きっと。

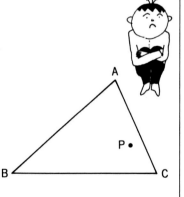

それは，まだもうすこし知識が必要ですよ。ここでは，トモキくんの作図で確かめたから「一致する」ということで先へ進みましょう。

第２問

この「三角島」で，消防自動車を置くとき，どこにおいたらよいでしょうか。

ただし，その場所は，３つの点A，B，Cのどこからももっとも近い地点でなくてはなりません。

その地点を作図してください。

「３つの点のどこからももっとも近い地点」ということは，問題にかいてある図の点Ｐのようなところはダメということだな。これだと，ＡやＣには近いけど，Ｂからは遠いからね。

 さっきとおなじね。点Ｐは，

「３点から等距離の点」

よ。

つまり，

２点Ａ，Ｂから等距離……線分ＡＢの垂直２等分線……①

２点Ｂ，Ｃから等距離……線分ＢＣの垂直２等分線……②

だから，点Ｐは①と②の交点。

「三角島」でやった，宝物と消防自動車の場所のことをまとめると，

三角形の**３辺**から等距離の点は，**角の２等分線**の交点。

三角形の**３頂点**から等距離の点は，**辺の垂直２等分線**の交点。

よく似てるね。辺が点になると，角の２等分線が辺の垂直２等分線に変わるんだ。

だいぶ「数学」に慣れてきたようですね。この「三角島」の問題は，数学では「ミニ・マックス」の問題といって有名なものなのです。

おもしろいですね。「3頂点から等しいところがもっとも近い点」、つまり、「ほかの点だと、それより遠いものが出てしまう」というのは。

私は、はやく「なぜ、3つの垂直2等分線が1点で交わるといえるのか」という説明ができるようになりたいわ。

では、応用問題をひとつ。

円と直線が1点を共有するとき、「直線と円は接する」といいます。では、下の円Oの周上の点Pに接線 ℓ をひいてください。

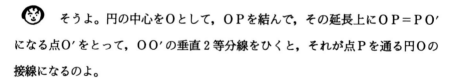

Pのところに定規をあててひけば、……とはいかないかな。

それじゃあ、ダメよ。直線をひくには2点が必要よ。だから、……。

わかった。点Pで垂直になる線をひく……。

そうよ。円の中心をOとして、OPを結んで、その延長上にOP＝PO′になる点O′をとって、OO′の垂直2等分線をひくと、それが点Pを通る円Oの接線になるのよ。

その通りです。

●「おうぎ形」のコーナー

おうぎ形は知っていますね。このコーナーでは，おうぎ形についてのいろいろな量を求めることをやってみましょう。

まず，数学語の理解からはじめてください。

弧ＡＢ……円周上の２点をＡ，Ｂとするとき，ＡからＢまでの円周の部分を弧ＡＢといい，$\overset{\frown}{AB}$と表わします。①のように長いほうの弧を表わしたいときは，周上に点Ｃをとり，$\overset{\frown}{ACB}$と表わします。

弦ＡＢ……弧の両端を結ぶ線分を弦といいます。両端がＡ，Ｂであれば，弦ＡＢ。

おうぎ形……弧の両端を通る２つの半径とその弧で囲まれた図形。２つの半径のつくる角が中心角。

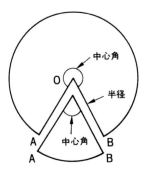

では，おうぎ形の弧の長さと面積と中心角の関係を調べてください。

　これも紙を折ってみればいいよ。円形の紙を折っておうぎ形を作って

（⑦），これを開いていくと （④）……。

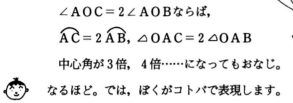

わかった。数学語で書くわよ。

$\angle AOC = 2\angle AOB$ ならば，

$\overset{\frown}{AC} = 2\overset{\frown}{AB}$, $\triangle OAC = 2\triangle OAB$

中心角が3倍，4倍……になってもおなじ。

なるほど。では，ぼくがコトバで表現します。

おなじ円のおうぎ形の弧の長さと面積は，中心角に比例する。

うまくやりましたね。ただ，ヒロコさんの使った，「△」の記号は，使っている人もいますが，まだ一般的ではないので，ここだけでの約束にしておいてください。

では，トモキくんの「コトバ」を「公式」という「数学語」にすることを考えてみませんか。

まず，「円周」や「円の面積」の求め方を知っていますね。

ええ，こうでしょう？

（円周）＝（直径）×3.14

（円の面積）＝（半径）×（半径）×3.14

そうです。それを「文字」を使って表わすのです。

ところで，この式の「3.14」というのは，「円周率」でしたね。

しかし，円周率は，小数で表わそうとすると，3.14159265358979323846……　と

どこまでもつづいているのです。

そこで，これを「π」という１つの文字で表わすことにしたのです。

 どうして π という字にするんですか。

 では，ちょっと，これから使う「文字」について説明しておきましょう。

まず，「π」は，「円周」という意味のギリシア語の頭文字（$\pi\varepsilon\rho c\mu\varepsilon\tau\rho os$・ペリメートロス）をとったもので，イギリスのウィリアム・ジョーンズ（1675〜1749）がはじめて円周率として用いました。π は英語のPのことです。「ℓ」「d」「r」「s」は，右の表のように，それぞれのコトバを表わす英語の頭文字をとったものと考えられます。

ただし，面積は英語では Area です。

 では，

$$（円周）＝（直径）×（円周率）$$

$$\Downarrow \qquad \Downarrow \qquad \Downarrow$$

$$\ell \;=\; d \;\times\; \pi$$

$$\ell = d\pi$$

となるのですか。

 記号としての「文字」はコトバのかわり，というよりいちだんと威力をもっているのです。

たとえば，いま，ヒロコさんが作った式ですが，数

円周／直径 ＝ 円周率
↓
$\dfrac{\ell}{d}$ ＝ π

π ： $\pi\varepsilon\rho\varepsilon\mu\varepsilon\tau\rho oi$
（Periphery）
周囲

l ： length
（長さ）

d ： diameter
（直径）

r ： radius
（半径）

S ： Surface
（面）

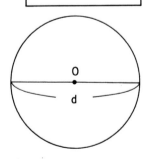

学語では，「d」を使わないで「$2r$」を使います。

 半径の2倍だからですね。

 そうです。なぜかというと，面積を求めるときには「半径」を使うように，半径のほうがこれからの学習で使いやすいからです。

そして，これも数学語の文法として，乗法では，**「定数を変数のまえに書く」**ということがあるので，

$$\ell = 2\pi r$$

と書きます。

 π は3.14……という「変わらない値」だから，その2倍は「定数」ということですね。

 ℓ と r が変数だとすると，$\ell = 2\pi r$ は「正比例関数」だね。

入力は r，出力は ℓ，比例定数は 2π ということだ。

なるほど，コトバを文字にすると，こんなことができるんですね。

 では，おうぎ形の弧の長さを表わす公式をつくりましょう。どうするのかな。

「1あたり量」を考えるのさ。

円周は，中心角が360°のときの弧の長さだから，中心角1°ぶんの弧の長さを考えればいいと思うよ。

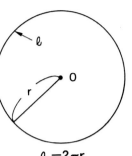

$$\ell = 2\pi r$$

$$\ell = 2\pi r$$

$$r \rightarrow \boxed{2\pi(\ \ )} \rightarrow \ell$$

$\pi = 3.1415926535897$
932384626433832
795028841971693
993751058209749
445923078164062
862089986280348
$25342117067\cdots$

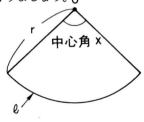

中心角 x

弧の長さは，これも長さだから ℓ，中心角を x とすると，

$$\ell = \frac{2\pi r}{360} \times x = \frac{2\pi r x}{360}$$

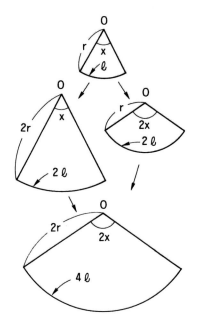

　そうですね。この式の場合，半径 r も，中心角 x も変数になります。

　いま，中心角 x を変えないで，半径 r を2倍の $2r$ とすると，弧 ℓ も2倍の 2ℓ となります。…………㋐

　また，半径 r を変えないで，中心角 x を2倍の $2x$ にすると，弧 ℓ も2倍の 2ℓ となります。…………㋒

　さらに，半径 r を2倍にし，中心角 x を2倍にすると，弧 ℓ は4倍の 4ℓ になります。

　このような関数を，「比例が複数個ある」というので，**複比例関数**といいます。

　これは，r と x という入力が2つあるブラックボックスになるのではないんですか。こんなふうに（右図）。

　入力が2つあるから，入口も2つあるわけね。

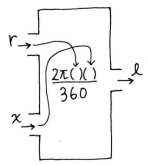

　もし，半径が5cmで，中心角が90°なら，r の（　）に5が，x の（　）に90がはいるというわけ

ね。そうすると，

$$\ell = \frac{2\pi(5)(90)}{360} = \frac{5}{2}\pi$$

という計算をすればいいのね。

だから，「公式」というわけね。

 そのとおりです。ただし，この公式は，教科書などには，右の①のようになっています。

では，つぎに，おうぎ形の面積の公式をつくってください。

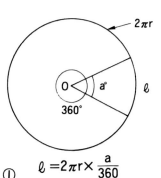

① $\ell = 2\pi r \times \dfrac{a}{360}$

（円の面積）＝（半径）²×（円周率） だから，

$$\Downarrow \qquad\qquad \Downarrow \qquad\qquad \Downarrow$$

$$S \quad = \quad r^2 \quad \times \quad \pi$$

$$S = \pi r^2$$

中心角1°のおうぎ形の面積は，$\dfrac{\pi r^2}{360}$

それが x ぶんだから，

$$S = \frac{\pi r^2}{360} \times x = \frac{\pi r^2 x}{360}$$

ブラックボックスで表わすと，図③になるよ。

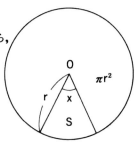

② $S = \dfrac{\pi r^2}{360} \times x$

これは2乗があるから，2つの正比例がある，というわけにはいかないわね。

 そうですね。このへんはきみたちがもうすこし数学の世界を知ってから挑戦してみてください。

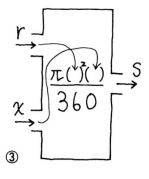

③

ところで，おうぎ形の面積をその弧の長さを使って求める方法を「お見せ」いたしましょう。

　いま，図①のように糸を使っておうぎ形を作ります。

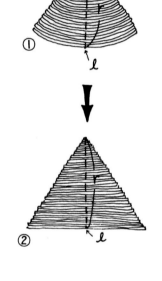

①

　これを，図②のように糸をのばして重ねます。

　すると，できた三角形は，底辺 ℓ，高さ r ですから，

面積 S は，

$$S = \frac{1}{2}\ell r$$

このことは，ことばの式にすれば，

　（おうぎ形の面積）＝（弧の長さ）×（半径）× $\frac{1}{2}$

になりますね。

②

　糸をどんどん細くすれば，ますます正確になりますね。

　おうぎ形の面積は三角形の面積とおなじしくみでできるということですね。

　半径 6 cm，中心角60°のおうぎ形の面積は，

① $S = \dfrac{\pi r^2 x}{360} = \dfrac{\pi\ (\ \ )^2\ (\ \ )}{360}$

$\qquad\quad = \dfrac{\pi\ (\ 6\ )^2\ (60)}{360}$

$\qquad\quad = 6\pi$

で求めるのと，

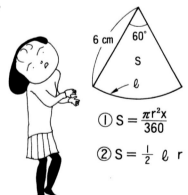

① $S = \dfrac{\pi r^2 x}{360}$

② $S = \dfrac{1}{2}\ \ell\ r$

② $S = \frac{1}{2} \ell r = \frac{1}{2} \times \frac{2\pi r x}{360} \times r$

$\qquad = \frac{1}{2} \times \frac{2\pi(6)(60)}{360} \times (6)$

$\qquad = 6\pi$

という求め方ができるわけですね。

 どちらもおなじだ。わかってはいるけど，やっぱりビックリするな。

 めんどうな計算をよくやりましたね。

では，このコーナーでの確かめです。

（解答は 253 ページ）

1 下の図は，円やおうぎ形や正方形を組み合わせたものです。影をつけた部分の周の長さと面積を求めましょう。ただし，円周率は π とします。

①

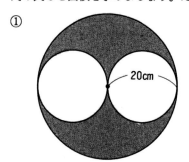

②

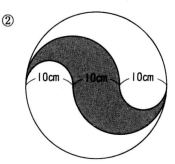

③

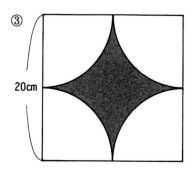

④

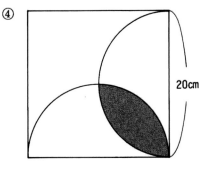

2 ● 「空間図形」の街

● 「ねじれの位置」のコーナー

さて，これから「空間図形」の街をご案内しましょう。

「空間図形」とは，3次元の空間，つまり，たて・横・高さの3つの方向にひろがっている空間にでなければ置けない図形のことです。

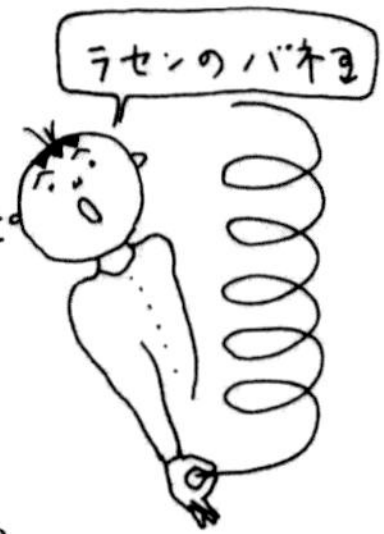

「立体」のことでしょ？

でも，立体なら立体といえばいいのに，わざわざ空間図形というのだから，なにかちがうものがあるんじゃないかな。

あっ，あのコーナーにある「ラセンのバネ」がそうだ。(右図)

なるほど。これは「3次元の空間でなければ置けない」わね。

そうです。図形を考えるときは，それが置かれている場所，つまり，空間も同時に考えなくてはならないのです。

第3問

2本の直線 ℓ，m があります。どこまでいっても交わらないとき，この2直線はどういう関係にあるといえますか。

どこまでいっても交わらなければ「平行」でしょ？

でも，待ってよ。いま「空間」をいっしょに考えなさい，っていわれたじ

ゃない。

 　ああ，そうか。これはあやしいぞ。2本の直線は，平行か交わるしかない……。

　わかった，これは平面上に置いた場合だ。

　3次元の空間に置くと，ちがう場合がでてくるんじゃないかな。

 　平行でなくて交わりもしない……。

 　この2本の棒で考えてみよう。

　これが，平行（図①）。

　これが，交わる（図②）。

　ああ，こうすれば，平行でもないし，交わりもしないよ（図③）。

　こんなのどこかにあったな……。

　新幹線の立体交差がそうだ。

 　そうです。トモキくんが棒で考えた図③のような2直線の位置を，

ねじれの位置

というのです。

　では，しばらくこのコーナーの展示品を見学してください。

 　これは，2つの平面が平行で，それにもう1

ℓ
m
①

m
ℓ
②

ℓ
m
③

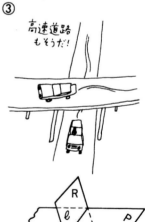
高速道路もそうだ！

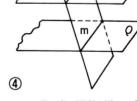
R
ℓ
P
m
Q
④

第4章　図形の国　　199

枚の平面が交わっているところですね（図④）。平面と平面の交わりは直線だね。

P∥Qだし，ℓ∥mね。

直線ℓは平面P（または平面R）にふくまれるというのね。

そうだね。そのことを，また，「直線ℓは平面P（平面R）上にある」とも
いうって書いてあるよ。

ぼくは，平面P上というから図⑤のような場合かと
思ったら，この場合は，

ℓ∥P

なんだね。

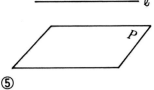
⑤

あら，ここは「直線と平面の垂直」という展
示よ。

なるほど。この図⑥で，「ℓ⊥m，ℓ⊥nの
とき，ℓ⊥P」か。

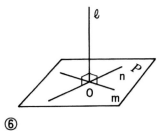
⑥

なるほど，平面上の交わる２直線に垂直にな
っていればいいのね。

家のドアがあるね（図⑦）。これは，AB⊥P
ということだね。

つまり，「DC⊥Pだから，DCに平行なすべての直
線は平面Pに垂直である」というわけか。

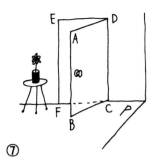
⑦

この線分ABの長さを点Aと平面Pとの**距離**
というのね。

この円すいや角すいの高さというのが，頂点と底面との距離というわけね…………図⑧

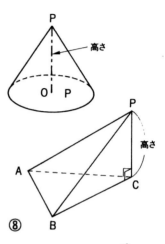

三角形の高さは「底辺に垂直」で，三角すいの高さは「底面に垂直」というわけか。おもしろいね。

図⑨のような場合，「底辺を延長する」が「底面を延長する」となるのね。

⑧

2次元の図形の三角形と3次元の図形の三角すいは，よく似ているんだね。

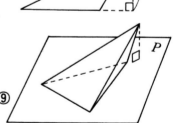

このコーナーの展示物で，空間（ふつう，3次元空間のこと）における直線や平面の位置関係について調べたわけですから，その知識をすこし確かめてみましょう。

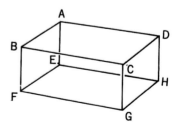

⑨

（解答は254ページ）

1 右の図は6本の針金を直方体の形に組んだものです。

① 平面ABFEと垂直な線分はどれでしょうか。

② 平面ABCDと平行な平面はどれでしょうか。

③ 平面ＢＦＧＣと平行な線分はどれでしょうか。

④ 線分ＡＢと平行な線分はどれですか。

⑤ 線分ＢＣとねじれの位置にある線分はどれですか。

●「展開図」のコーナー

　3次元の空間にあるモノを，2次元の空間，つまり平面上に表現すること が必要な場合がたくさんあります。ところが，これが意外とむずかしいのです。

　そこで，まず，お2人の「空間感覚」を確かめてみましょうか。では，この問題 を考えてみてください。

第4問

　右の図のように，8個の正三角形がつな がっているものを工作用紙にかいて，外側 の線で切りぬきます。

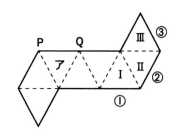

　この図形を，点線で内側に折って8つの 面をもつ立体を作ります。

(1)　辺PQと重なる辺は，①，②，③のう ちのどれでしょう。

(2)　面アと平行になる面は，Ⅰ，Ⅱ，Ⅲの うちのどれでしょう。

　カンでできることならおまかせを。辺PQと重なる辺は……こうやってぐ るりとまわるから，②かな。面アと平行な面は，……これはむずかしいぞ……Ⅰに しよう。

　私はギブアップだわ。こういうのは苦手なのよ。

そう簡単にあきらめないで，理づめに考えてみることです。

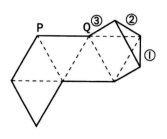

（図1）

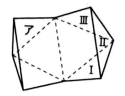

（図2）

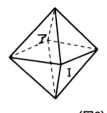

（図3）

では，やってみます。この図形を組み立てると，辺PQは右隣の辺とは重ならないわ。もし重なったら点Qのところに正三角形が3つ集まってしまって，あと1つが使えなくなるからダメね。そうすると，辺PQは三角形Ⅲの左の辺とは重ならないから，その隣の辺③と重なる，ということかしら。

まって，いま，ボクが工作用紙で作ってみるから。……

できたぞ。いま，ヒロコさんがいったようにすると，こうなった。（図1）やっぱり，③だ。

こんどは，左側の4つの正三角形で，いまと同じようにすると，アと向き合った位置にくるのは面Ⅰよ。でも，ほんとに平行なのかしら。（図2）

やってみるよ。（図3）

ほんとにⅠで，平行だ！　ぼくもあってたよ。

頭のなかで考えながら，理づめにやっていくと，かなりよくできるものです。でも，やっぱり最後には，実際に作って確かめてみることが大切ですね。

展開図
立体の各面を1つの平面上に切り開いた図を展開図といい，見たままに写しとった図を，見取図といいます。

[曲面上での最短コース]

🧒 　ここは，立体図形をつくるコーナーです。角柱・円柱・角すい・円すいなどをつくっていただきますが，まず，この問題に挑戦してください。

第5問

　おなかをへらした1匹のアリが，右の図のような形の立体（円すい台といいます）のA地点にいます。

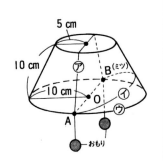

　底面の円周上で中心Oについて対称な点Bにミツがあります。

　おなかのすいたアリはもっとも短い道のりを歩いて，ミツのところへ行きたいと思っています。

　アリは，⑦①⑦の3つのコースの考えていますが，どれがいちばん短いコースかわからないで困っています。

　そこで問題です。

　このかわいそうなアリにかわって，⑦①⑦の3つのコースを，短い順に並べてください。ただし，①はおもりを両端につけた糸をA，Bの2点でつり下げたときの糸の道です。

　あなたの「カン」を信じています。

「カン」の問題ならぼくにまかせて……。まあ，坂を登る，という問題は無視することにすると，道のりの長さだけなら，

　　　　　⑦　——→　⑦　——→　⑦

の順だな。

　　正解はどうなのかしら。

　　実際にこの立体をつくって，糸を使って調べるんじゃないかな。

　　この立体をつくるには，展開図が必要になりますね。どう考えたらいいでしょうか。

　　これは，底面の円の半径が10cm，側面の展開図になるおうぎ形の半径が20cm，つまり，図①の線分PAの長さが20cmの円すいを，高さの半分のところから底面に平行な面で切ったものになるんじゃないかな。

　　そのとおりです。なぜそうなるのかは，そのうちに学んでください。

　　そうだと，側面のおうぎ形の中心角は180°ね。

　　どうしてわかったの？

　　かんたんよ。

　底面の円の周の長さは20π。

　これと，側面のおうぎ形の弧の長さは等しい

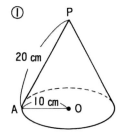

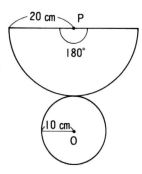

から，おうぎ形の中心角を $x°$ とすると，

$$\ell = \frac{2\pi r x}{360}$$

から，

$$20\pi = \frac{2\pi (20) x}{360}$$

この方程式を解くと，

$$20\pi = \frac{2\pi (20) x}{360}$$

$$x = 180$$

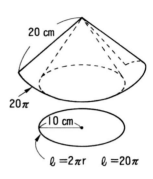

　　なるほど。でも，いまピンときたんだ

けど，「側面のおうぎ形の弧の長さは底面の円周

の長さと等しいんだから，半径が2倍になれば，

中心角は半分でいい」ということじゃないか。

　　そのとおりです。2人ともよくできま

した。では，さっきの立体の展開図をかいてください。

ただし，側面だけでいいですね。

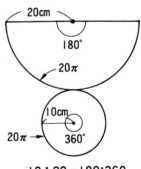

　　これでいいでしょう。

㋐のコースは，10＋10＋10＝30（cm）

㋑のコースは，線分ＡＢの長さじゃないかな。

これは，展開図ではかればいい。……約28cmだ。

㋒のコースは，半径20cm，中心角90°の弧の長さ。

これは円周の4分の1で，

$$2 \times 3.14 \times 20 \div 4 \fallingdotseq 31.4 \ (cm)$$

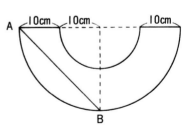

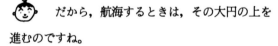

こうだとすると，正解は，

⊘ ─→ ⑦ ─→ ⑦

になるんだけど，どうでしょう。

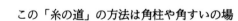　おみごとですね。こんどの「カン」はあたりました。円すいの側面でも，円柱の側面でも，球の表面でも，２点間の最短の道を求めたいときは，両端におもりをつけた糸を２点につるせばよいのです。

　そして，円すいと円柱のように，展開すると平面になるような曲面では，この「糸の道」は，展開図では直線になるのです。

　また，球の場合は展開して平面にすることはできません。

　そして，球の場合の「糸の道」は，その球を，球の中心をとおる平面で切ったときにできる切り口の円（大円といいます）の周と一致するのです。つまり，球面上では，２点を通る大円の部分が，２点間の最短距離になるわけです。

　だから，航海するときは，その大円の上を進むのですね。

　おなじ曲面でも，展開できるものとできないものとでは，ずいぶん性質がちがうのね。

　この「糸の道」の方法は角柱や角すいの場

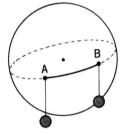

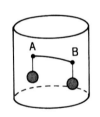

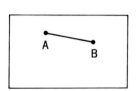

合でも使えます。

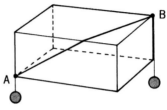

　「おもりのついた糸」なんていうかんたんなもので最短距離が求められる

なんて，おもしろいな。

　「へこみ」がある立体はだめね。

［正多面体］

　そうですね。その「へこみ」で思いだしました。ここに５つの立体があり

ますね。これを，**正多面体**といいます。

正多面体はこの５種類しかありません。正多面体とは，

①　どの面もみな合同な正多角形である。

②　どの頂点にも，面がおなじ数だけ集まっている。

③　へこみがない。

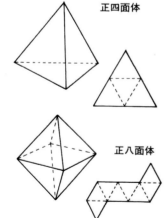
正四面体

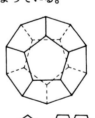
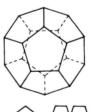

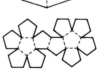

正十二面体

正六面体

正八面体

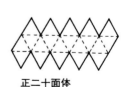
正二十面体

小学校の時，教科書にのっていて作ったものもあるわ。

 ぼくもサイコロになっているのを見たよ。

 この正多面体のふしぎな性質をちょっとのぞいてみてください。ほら，このコーナーにありますよ。

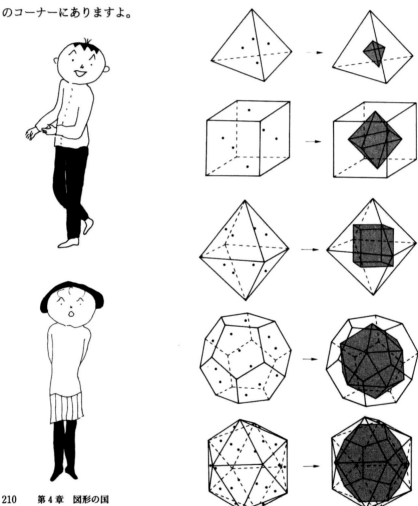

これはおもしろい。ぼくも作ってみたいな。

 これを作るには，それぞれの正多面体の辺の長さを求めなければならないので，いまのあなたたちにはちょっと無理ですから，もうすこし学習が進んだら，ぜひ，作ってみてください。

では，この正多面体の関係を，ちょっとべつの面からみてみましょう。

ここにある5種類の正多面体について，下の表をまとめてください。

第6問

	正四面体	正六面体	正八面体	正十二面体	正二十面体
面の形					
1つの頂点に集まる面の数					
面の数					
頂点の数					
辺の数					

 ただ数えればいいんですね。カンタン，カンタン……。

やあ，正二十面体になると，どこを数えたかわからなくなってしまう。

 一度，数えたところは「しるし」をつけておくといいわ。でも，ほかになにかうまい方法があるんだと思うわ。たとえば，計算で求められるとか。

 そうです。計算ででも求められますが，それは自分で考えてみてください。ここでは，表の数字をよくみてもらいましょう。

	正四面体	正六面体	正八面体	正十二面体	正二十面体
面の形	正三角形	正四角形	正三角形	正五角形	正三角形
1つの頂点に集まる面の数	3	3	4	3	5
面の数	4	6	8	12	20
頂点の数	4	8	6	20	12
辺の数	6	12	12	30	30

やっぱり正六面体と正八面体，正十二面体と正二十面体をくらべると，「面の数」と「頂点の数」が入れちがいになっているよ。これが　ページの絵か。

正四面体では，「入れちがえ」ても変わらないから，おなじ数になっているのね。

では，もう1つ，各正多面体で，つぎのことを調べてみてください。

(面の数)＋(頂点の数)－(辺の数)

順にやってみよう。

正四面体：$4 + 4 - 6 = 2$　　　　正六面体：$6 + 8 - 12 = 2$

正八面体：$8 + 6 - 12 = 2$　　　　正十二面体：$12 + 20 - 30 = 2$

正二十面体：$20 + 12 - 30 = 2$

すべての正多面体が 2 になりました。

そうです。これは正多面体だけでなく，すべての多面体（平面だけで囲まれた立体）についていえるのです。オイラー（1707～1783）という数学者が発見したので，これを，

オイラーの多面体の公式

といいます。

 へえー。図形って，いろいろな不思議な性質があるんですね。

プラトン（B. C. 427〜B. C. 347）というギリシアの哲学者は，正多面体の美しさをみて，この世界の自然をつくっていると考えていた4つの元素と宇宙に，正多面体を対応させています。

　　　　　正四面体：鋭くとがっているので「火」。

　　　　　正六面体：どっしり安定しているので「土」。

　　　　　正八面体：火と水の間で「空気」。

　　　　　正二十面体：なめらかなので「水」。

　　　　　正十二面体：全部をふくむ「宇宙」。

　そして，実際に，正十二面体のなかに正六面体，そのなかに正四面体，そのなかに正八面体，いちばん真ん中に正二十面体がキチッとおさまるのです。それがここにあります。

　ですから，正多面体のことを「プラトンの立体」ということもあります。

　とにかく，正多面体をつくってみてください。

まあ，きれい。それぞれの多面体がステンドグラスみたいに色がついているのね。

ほんとうだ。宇宙（正十二面体）にはすべてがふくまれている。プラトンが感激したのも無理ないね。

●「体積と表面積」のコーナー

ここは，いまつくった多面体など，立体図形の体積と表面積を求めるコーナーです。

角柱や円柱の体積から求めてみましょう。

角柱や円柱は，底面の多角形や円の形をした「きわめて」うすい板が無数に積み重なったものと考えることができます。…………図①

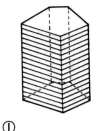

①

おうぎ形の面積のときの「糸」みたいなものですね。

そうです。あのときは「糸」，つまり，「直線」が無数に重なって「面」ができたわけですが，こんどは「板」，つまり，「平面」が無数に重なって「立体」ができたと考えるのです。

すると，角柱や円柱の体積は，

（底面積）×（高さ）

で求められるわけです。

体積を V （Volume），
高さを h （height）とすると，

$$V = Sh$$

と表わすことができます。

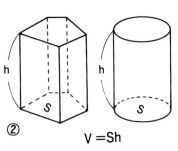

②　$V = Sh$

円柱の場合は，$S = \pi r^2$ですから，

$$V = \pi r^2 h$$

になるのですね。

 　角柱の場合は，底面の形によって，S はいろいろな式になるんだ。たとえば，正四角柱は，

$$V = a^2 h$$

というぐあいにね。

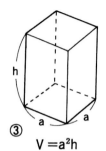

③

$V = a^2 h$

　これは，入力が a と h で，出力が V のブラックボックスになるわけだ。（図④）

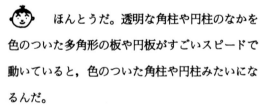 　そうですね。

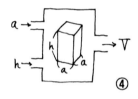

④

　ところで，角柱や円柱は，底面の多角形や円が，底面と垂直な方向に動いてできた図形と考えることもできますね。（図⑤）

 　ほんとうだ。透明な角柱や円柱のなかを色のついた多角形の板や円板がすごいスピードで動いていると，色のついた角柱や円柱みたいになるんだ。

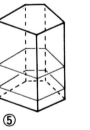
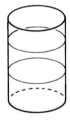

⑤

 　ここに角すいと円すいがあるわ。（図⑥）

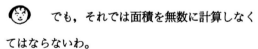 　これも，底面の多角形や円が縮小していった板が無数に重なったものと思えばいいのかな。

 　でも，それでは面積を無数に計算しなくてはならないわ。

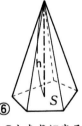
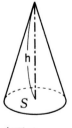

⑥

　それは，あなたたちには無理ですから，そのとなりにある，底面が

合同で，高さが等しい角柱と角すい，円柱と円すいの容器を使って調べてみてください。

　角すいや円すいの分量ぶんだけ水を入れて，角柱や円柱の容器にあけて，どうなるのかを調べるわけか。やってみよう。（図⑦）

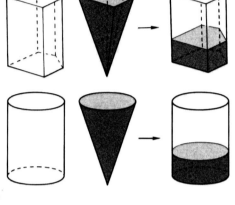

　角すいのほうは，角柱の3分の1のところみたいだな。　　⑦

　円すいのほうも，円柱の3分の1みたいよ。

　角柱の場合だと，底面の多角形の面積を求めるときは三角形にわけて求めるのね。

　その三角形の面積は，

　　(底辺)×(高さ)×$\frac{1}{2}$

だから，

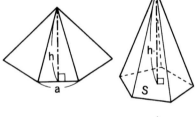

⑧　　$S = \frac{1}{2} Sh$　　$V = \frac{1}{3} ah$

　三角すいの体積は，

　　(底面積)×(高さ)×$\frac{1}{3}$

というふうに考えてみたらどうかな。

　それに，三角形は「2次元」の図形だから×$\frac{1}{2}$，角すいは「3次元」の図形だか

ら$\frac{1}{3}$というおぼえ方もできそうだよ。(図⑧)

　なるほど，うまく考えたわね。

　たしかに，いま実験して確かめてみたように，「すい」の体積は「柱」の体積の3分の1なのです。

　円すいの場合は，

$$V = \frac{1}{3}\pi r^2 h$$

ですね。

　そうです。

　では，最後に球の体積を求めることにしますが，そのまえに「表面積」というものを考えておいてください。

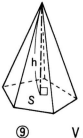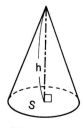

⑨　　$V = \frac{1}{3}Sh$

　表面積というのは立体の表面全体の面積ということでしょう？

　それなら，展開図をかいて計算すればいいんじゃないですか。たとえば，円すいなら，側面はおうぎ形で，底面は円になりますから……。

　ここにある，側面になるおうぎ形の半径が9cm, 底面の円の半径が3cmの円すい（図⑩）なら，

　おうぎ形の中心角は，$360 \times \frac{3}{9} = 120$(度)

　おうぎ形の面積は，$\pi \times 9^2 \times \frac{1}{3} = 27\pi$。

　円の面積は，$\pi \times 3^2 = 9\pi$。

　表面積は，$27\pi + 9\pi = 36\pi$ (cm²)。

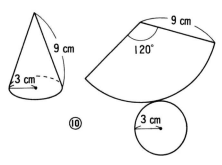

⑩

　そのとおりですね。ついでにつ

け加えておきますと，いま，ヒロコさんがいった「側面になるおうぎ形の半径」のことを**母線**といいます。それは，その線分（半径）の一端を頂点で固定し，ほかの端を底面となる円の周上を動かすことによって円すいができるので，その立体を「生みだす線」ということで，そう名づけられました。（図⑪）

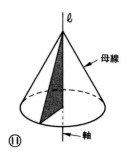

では，ここで，球の表面積を求めてみましょう。このコーナーで実際にやってみてください。

なになに，このヒモを球の切り口にまくのか。じょうずにやらないとくずれちゃうな。（図⑫）

私のほうはもっとたいへんよ。この半球の表面にヒモを巻くのだから……。

できたわ。ヒモの巻き終わったところに印をつけて，ほどくの？　せっかくきれいに巻けたのに。（図⑬）

ぼくの巻いたヒモと長さを比べるんだって。

……あらっ。

（半球の表面積）＝ 2（大円の面積）

よ。

半径 r の大円の面積は，πr^2 だから，半球の表面積はその 2 倍で，$2\pi r^2$。（図⑭）

つまり，球の表面積は，

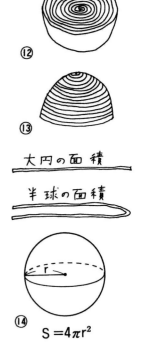

大円の面積

半球の面積

$S = 4\pi r^2$

$$S = 4\pi r^2$$

だわ。

 やっぱり，きれいな公式になるんだね。大円の面積の4倍か。では，これから球の体積を求めるんだ。

 こんども，水を入れてみるのかしら。

あら，これは，円柱に水がはいっている。球をこのなかに押しこむんだわ。

 なるほど。そうすると，球の体積分の水があふれるから，残りを調べればあふれた分がわかるんだ。(図⑮)

やってみよう。

これは$\frac{1}{3}$だけ残ったんじゃないかな。

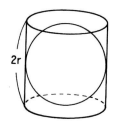

 つまり，「球の体積は，その球がちょうどはいる円柱の体積の$\frac{2}{3}$である」ということじゃない？

数学語で書けば，

$$V = \pi r^2 \times 2\,r \times \frac{2}{3} = \frac{4}{3}\pi r^3$$

という公式ね。

 ちょっと待って。

球の表面積は，$S = 4\pi r^2$。

球の体積は，$V = \frac{4}{3}\pi r^3$。

$4\pi r^2$が両方にある！

 えっ，どこに？

 ほら，ここにπr^2，2，2があるから，これをかけあわせると，$4\pi r^2$だ

⑮

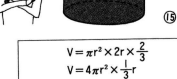
$$V = \pi r^2 \times 2r \times \frac{2}{3}$$
$$V = 4\pi r^2 \times \frac{1}{3}r$$

よ。

　つまり，球の体積は，球の表面積から求めることができるというわけね。

　ここに，半球を「すいのようなもの」に分解できるものがあるよ。

　この「すい」の高さは半径の r になっているよ。

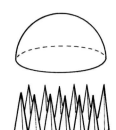

⑯

（図⑯）

　「すい」だと，角すいみたいに

　　(底面積)×(高さ)×$\frac{1}{3}$

が考えられるわ。

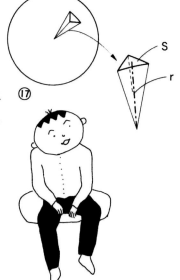

⑰　S　r

　そうか。この球の表面を，「無数の小さな三角形」に分けていくと，球はこの小さな三角すいの集まり，と考えることができるわけだよ。

　そして，この無数の小さな三角すいは，

　　$V=\frac{1}{3}\times s\times r$

で，この s が全部集まると，表面積になるから，

　　$V=\frac{1}{3}\times 4\pi r^2\times r=\frac{4}{3}\pi r^3$

ということになるんじゃないかな？

　そのとおりです。ついに，球の体積の公式をつくることができましたね。

　無数の小さなものに分解して，それを無数にたくさん集めるという考え方は，数学ではとても大切な考え方で，このことを世界ではじめてうまく利用して球の体積

などを求めたのは，ギリシアの数学者のアルキメデス（B. C. 287〜B. C. 212）です。

彼は，図⑱のような「ウス型」「球」「円柱」の３つの体積をそれぞれ V_1，V_2，V_3としたとき，

$$V_1 : V_2 : V_3 = 1 : 2 : 3$$

であることを発見して，そのこ

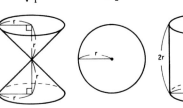

⑱　$V_1 : V_2 : V_3 = 1 : 2 : 3$

とのすばらしさに感激して，「わたしが死んだら，わたしの墓の上には，こういう図形（図⑲）をきざんでほしい」と言った，といわれています。

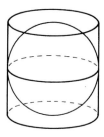

⑲　アルキメデスの墓

*B.C.*212年に，ローマ兵が彼の住むシラクサに侵入してきたとき，彼は地面に円をかいて考えこんでいましたが，近づいてきたローマ兵に「私の円を乱さないでくれ」と言ったために殺されてしまいました。

ローマの大将マルケロスは，天才アルキメデスの名誉のために，彼が望んでいた図を墓碑にきざんだということです。

アルキメデスについては，いろいろな話が残っていますから，ぜひ，本で調べてください。

アルキメデス
（B.C.287〜B.C.212）

●「対称」のコーナー

　大空を見上げると，星が輝いていますね。冬から秋までは，北斗七星（ほくと）（おおくま座）の，ひしゃくの2星AとBを結んで，その線分ABをAのほうへABの長さのほぼ5倍のばすと，そこに北極星（ほっきょくせい）があります（図①）。そして，北極星は，いつも北の空にあり，ほかの星はすべてこの星を中心にして回っています。

　いま，右の図②のように，∠AOA′が60°のとき，∠GOG′は何度だと思いますか。

①星座

　そんなの簡単ですよ。60°。

　どの星も，60°回転するんじゃないの。

　そうです。このように，ある定まった点Oを中心として，1つの図形がある角度だけ回転することを，回転移動といい，Oを回転の中心といいます。そして，

　1つの点を中心にして180°回転させると重なり合う図形を点対称な図形といいます。

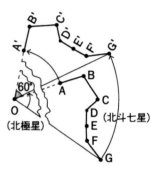

②北極星，A, B, C, E, F, G は
　2 等星，D は 3 等星。

　では，この場合は，∠AOA′=180°にすればいいわけですね。

　この北斗七星の図を紙に写して，正確に点対称な図形をかいてみましょうよ。

かけた！ D，E，Fのところがすこしわかりにくいね。（図③）

 では，つぎに，トリック絵というのをお見せしましょう。

③

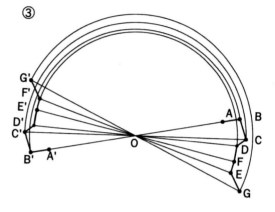

 トリック絵というと，なにか「しかけ」のある絵ですね。

 まあ，図④を見てください。何に見えますか？

 花びんかな。

 ヨーロッパの果物などを乗せる台みたい。

 そうですか。もう一度，よく見てごらんなさい。

 ええー。よく見るって。……あっ，2人の人が向き合っているよ。ほら，ここが鼻さ。

 そういえば，そう見えるわね。ふしぎ……。

 そうです。これは，E・ルビンというデンマークの学者が提案した「図と地の反転図形」といわれるもので，真中の花びんに注目すると，向き合っている顔は見えなくなり，顔を意識して見ると，花びんは見えなく

④トリック絵

なります。「図」と見たものだけが形として見え，もう一方は「地」となってしまう，ということです。

　まず「顔」に注目してください。この2つの顔は，どうなっていると思いますか。

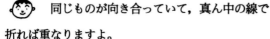　同じものが向き合っていて，真ん中の線で折れば重なりますよ。

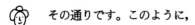　その真ん中の線で折ると，「花びん」も2つになって重なるわ。

　その通りです。このように，

　1本の直線を折り目にして2つに折ると重なり合う図形を，**線対称な図形**といい，折り目になる直線を，**対称の軸**といいます。

　そして，「2つの顔」のように，対称の軸が図形の外部にあるとき，相互線対称といい，花びんのように図形の内部にあるとき，自己線対称といいます。

　では，点対称にも，2通りあるのですか？

　図形の内部の点を中心にして180°回転させると重なり合うものを探せばいいんだね……。あった！ローマ字のN。

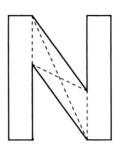

　対称の中心は，斜めになった平行四辺形の対角線の交点ね。

対称な図形というのは美しいので，昔からいろいろなところに使われています。そのひとつが家紋です。

蝶のいろいろ

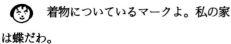 カモンって？

着物についているマークよ。私の家は蝶だわ。

日本では，平安時代に公家たちが使い始めたそうで，公家たちの乗る牛車の目印に使われています。はじめは花や植物だったのが，やがて蝶など可愛らしい動物などが使われるようになりました。近衛家の牡丹，

九条家藤

近衛牡丹

九条家の藤など代表的なものですが，蝶の人気が高く，300種以上もあるそうです。ヒロコさんの家の紋もこの1つですね。

家紋というのはヨーロッパにはないんですか。

西洋の紋章のいろいろ

ヨーロッパの貴族が戦場に持っていった楯にも紋があるのを絵で見たわ。

そうですね。それがヨーロッパの紋章の起こりです。

ただ，ヨーロッパでは貴族だけしか用いなかったのですが，日本では，一般の庶民の間でも拡がって，とくに江戸時代には裏長屋
に住む人たちでも家紋をもっていたといいます。

『日本家紋総鑑』という本には約2万の紋がのっているそうですが，そのなかから，対称な図形を選びました。つぎの問いに答えてください。

第7問

　下の家紋を，線対称なものをA，点対称なものをB，両方であるものをC，対称でないものをD，として分類してみましょう。

①	②	③	④
対い浪	中輪に対い松	六角稲妻	二つ帆の丸

⑤	⑥	⑦	⑧
持合い麻の葉	柳生笹	五つ結び釜敷	対い法螺貝

ボクが①から④をやるから，ヒロコさんが⑤から⑧までやってよ。この表に書きこんでね。②は対称軸が2本ある。

問	①	②	③	④	⑤	⑥	⑦	⑧
答	A	C	D	B	B	D	D	A

⑥と⑦は間違うところだったわ。

そうですね。②はちょっと図が不正確ですが，2本ということにしてください。このように，線対称の場合，対称軸は1本とは限りません。たとえば，円ではどうですか。

円は直径について対称だから，対称軸は無数にあるよ。

では，下の図を見ながら，対称図形のまとめをしてみましょう。

線対称

① 折り目の直線 *l* を対称軸という。

② 2つに折ったときに重なり合う点を対応点，線を対応線，角を対応角という。対応線，対応角は等しい。

(AB＝A′B′，∠ABC＝∠A′B′C′……。)

③ 対応点を結ぶ直線は，対称軸で垂直に2等分される。($l \perp AA′$，AM＝A′M)

④ 対応点を結ぶ線分は，すべて平行である。(AA′//BB′//……)

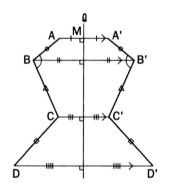

点対称

① 回転の中心になる点 O を対称の
中心という。

② 180°回転したときに重なり合う
点を対応点, 線を対応線, 角を対応
角という。

対応線, 対応角は等しい。

(AB＝A′B′, ∠ ABC＝∠ A′B′C′,
……)

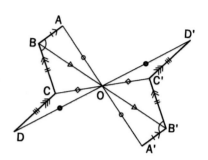

③ 対応する線分はすべて平行である。(AB//A′B′, ……)

④ 対応点を結ぶ線分はすべて対応の中心を通り, 対応の中心によって 2 等分
される。(AO＝A′O′, ……)

よくできました。いまは相互対称な図形で調べましたが, 自己対称な図形
でも同じことがいえます。お 2 人で調べておいてください。

ボクも家の紋を聞いてみよう。

私もどんな蝶だったかちゃんと調べてみるわ。

では, これで図形の国はおしまいです。

第5章
整数の国

これから「整数」の国を訪れることにしましょう。この国は，大きな湖の
ほとりにあります。船に乗って，この国のおもしろい話を聞いてください。

　整数についてのいろいろな内容は小学校でほとんど学習ずみですから，学校では
お目にかからなかった中身を味わっていただこうと思っています。

　いきなりですが，１つの質問に答えていただきましょう。

　旧約聖書の「創世紀」篇に，
「神は６日でこの世界を創りたもうた」
と書いてあります。
　全智全能の神が，なぜ６日もかかっ
たのでしょうか。

 これはびっくり。「世界は６日で創られた」のか。はじめて聞いたな。

 私も。なぜ「６日」なのかしらね。

 これは，わからなくても，無理ありません。では，この国の人に聞いてみ
ましょう。

　まず，この船に乗って
船長さんに聞いて見
ることにしまし
ょうか。

Ⅰ ● 「親友は220と284」のキャビン

　このキャビンで待っていてください。船長に聞いてきますから……。

　お待ちどうさまでした。正確なことはわかりませんが，どうも，こういうことだろう，ということでした。

　　　　「6は最小の**完全数**である」

　完全数というのは，

　　「自分自身を除いた約数の和がまた自分自身になる数」

です。

　ギリシアの人びとは「数」（整数）をきわめて神秘的に考えていました。

　たとえば，

「2は女性を表わす数，3は男性を表わす数だから，2×3＝6の6は愛を表わす」といったことを考えていたそうです。

完全数
6
1＋2＋3＝6

　ここで，質問。6のつぎに大きい完全数はいくつですか。

　順に考えていこう。

　7はだめ，8もだめ，9………，なかなかでてこない。

　……あった。28よ。

　　　28＝1＋2＋4＋7＋14

28
1＋2＋4
＋7＋14＝28

そうです。ローマの裁判官が28人だったのも，そのためだそうです。

それで，この部屋に「ローマの法廷」の絵がかかっているのね。

28のつぎの完全数はいくつかしら……。

それを探すのはちょっとたいへんですよ。 1番目が6， 2番目が28， 3番目は496， 4番目は8128， 5番目は33550336， 6番目は8589869056です。

みんな偶数ですね。

6番目なんて，よくわかるわね。

12番目の数は77桁の数になるそうですが，これはコンピュータがつくられる以前に発見されています。

　ところで，奇数の完全数はまだ発見されていませんが，ないということも証明されていないそうです。そして，

　　　　偶数の完全数は，すべて， $2^{n-1}(2^n-1)$ の形で表わせる

ことを，オイラーが証明しました。

　では，**友愛数**といわれるものを紹介しましょう。これは，ギリシアの哲学者ピタゴラス（B.C. 580 ?～B.C. 500 ?）が，「友人とは何か」と質問されたとき，

　　　「友人とは220と284のようなものである」

と答えたということです。

　その意味を，つぎの説明から考えてみてくださ
い。

　　「友愛数とは，自分自身をのぞいた約数の和が，

　　相手の数になっている１組の数のことである」

その第1番目の組が，220と284なのです。

 なるほど，「たがいに補いあって〝完全〟になる」ということかな。

 そう考えると，「友人」ということの意味がよくわかるわね。

実際に確かめてみましょうよ。

220の約数は，

　　1，2，4，5，10，11，20，22，44，55，110，220

で，220を除いた和は，1＋2＋4＋5＋10＋11＋20＋22＋44＋55＋110＝284。

　284の約数のうち，284を除いた和は，1＋2＋4＋71＋142＝220。

　あら，たしかにそうなっているわ。

 ギリシア時代には，友愛数ははじめの1組だけしか知られていませんでしたが，いまでは

友 愛 数
第1番目：220 と 284
第2番目：1210と1184
第3番目：2620と2924
第4番目：5020と5564
第5番目：6232と6368
（1万以下はこの5組）

数百組が発見されています。おもしろいことに，大数学者のオイラーが1750年に64組発見しましたが（そのうち2組はミス），第2番目の組を発見したのはイタリアの16歳の少年パガニーニでした。1866年のことです。

 大数学者が発見しなかったものを，少年が発見したなんてほんとにふしぎだな。

 学者たちは「公式」を使って大きい数の組をみつけようとしましたが，少年はこつこつと計算して探したのだろうと思います。

ところで，整数は 1 と**素数**と**合成数**に分解されます。

　1 は素数でも合成数でもありません。

　素数というのは，約数が 2 個（1 とその数自身）の数，

正の整数	1 …約数が 1 個
	素数…約数が 2 個
	合成数…約数が 3 個以上

　合成数というのは，1 と素数以外の数のことです。

　では，素数について，いくつかのトピックスをご紹介しましょう。

　その 1 つは，「ゴールドバッハの予想」というものです。「4 以上の偶数は，2 個の素数の和で表わせる」という説です。これは1742年にゴールドバッハという数学者がいった「予想」ですが，正しいという証明はまだされていません。

　へえー。すこし確かめてみようか。

　$4 = 2 + 2$，$6 = 3 + 3$，$8 = 3 + 5$，$10 = 3 + 7$，……。

　ほんとうだね。

　偶数は無数にあって，全部をためすことはできないから，「証明」ということが必要なのね。

　そうですね。このほかにも，こんな定理があります。

　「7 以上の奇数は 3 つの素数の和で表わせる」

　これは，証明ずみです。

　やってみよう。

　$7 = 2 + 2 + 3$，$9 = 3 + 3 + 3$，$11 = 3 + 3 + 5$，……。

　これまた，ほんとうだね。

数学者っていろんなことを考えるんだな。

 昔から，数学者たちは，この素数を見つけるための「公式」を発見しよう
と努力しました。

たとえば，フェルマー（1601〜1665）は，

$$2^{2^n}+1 \quad (n は自然数)$$

という「公式」を発表しました。

$n = 0$ のとき，$2^{2^0}+1 = 3 \quad (2^0 = 1)$

$n = 1$ のとき，$2^2+1 = 5$

$n = 2$ のとき，$2^{2^2}+1 = 17$

$n = 3$ のとき，$2^{2^3}+1 = 257$

$n = 4$ のとき，65537

$n = 5$ のとき，4294967297

フェルマー
（1601〜1665）

ということで，$n = 4$ までは正しかったのですが，オイラ
ーが，4294967297 = 6700417 × 641 であることを発見しました。

そして，自分でも「公式」を発表しました。

① $n^2 + n + 41$ （n は整数）

② $n^2 - 79n + 1601$ （n は自然数）

というものですが，

①は，$-40 \leqq n \leqq 39$，　②は，$0 \leqq n \leqq 79$

までしか正しくないことがわかりました。

 コンピュータもない時代にこんな計算をやるなんて，昔の人はえらかった

な。

　　「整数」なんてかんたんなものにも，こんなにいろいろな問題があるなん
て，数学って不思議なものね。

　　では1000までの素数表を紹介しましょう。200台から900台までが，ほとん
どおなじ個数だというのはちょっとびっくりしますね。

1000までの素数

2,3,5,7,11,13,17,19,23,29,31,37,41,43,47,53,59,61,67,71,73,79,83,89,97
101,103,107,109,113,127,131,137,139,149,151,157,163,167,173,179,181,191,193,197,199,
211,223,227,229,233,239,241,251,257,263,269,271,277,281,283,293,
307,311,313,317,331,337,347,349,353,359,367,373,379,383,389,397,
401,409,419,421,431,433,439,443,449,457,461,463,467,479,487,491,499,
503,509,521,523,541,547,557,563,569,571,577,587,593,599,
601,607,613,617,619,631,641,643,647,653,659,661,673,677,683,691,
701,709,719,727,733,739,743,751,757,761,769,773,787,797,
809,811,821,823,827,829,837,853,857,859,863,877,881,883,887,
907,911,919,929,937,941,947,953,967,971,977,983,991,997,

2 ● 「互除法」のキャビン

公約数は知っていますね。いくつかの整数に共通な約数のことでしたね。

公約数のうちで最大なものを**最大公約数**といいます。

では，この最大公約数の求め方を考えてみることにしましょう。

「最大公約数の求め方」って，それぞれの数の約数を求めて，そのなかから「共通」で「最大」のものをとればいいんでしょ。

たとえば，12と30の最大公約数は，

12の約数は……1，2，3，4，6，12

30の約数は……1，2，3，5，6，10，15，30

で，「公約数は……1，2，3，6」だから，

最大公約数は……6。

私は，こういう方法を教わったわ。

$12 = 2 \times 2 \times 3$

$30 = 2 \quad\ \times 3 \times 5$

$\quad\ 2 \quad\ \times 3 \quad\quad = 6$

> 素因数分解
>
> 2) 12
> 2) 6
>   3
> $12 = 2 \times 2 \times 3$
> 2) 30
> 3) 15
>   5
> $30 = 2 \times 3 \times 5$

2人とも正しい方法ですね。トモキくんの方法は，もっとも基礎的なものですし，ヒロコさんの方法はもっとも一般的なものといえます。

ヒロコさんの方法で，

$12 = 2 \times 2 \times 3$

とすることを，「12を素因数分解する」といいます。

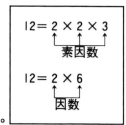

整数をいくつかの整数の積の形で表わしたとき，たとえば，12＝2×6としたとき，2と6を12の**因数**といいます。

そして，因数が**素数**のとき，これを**素因数**というのです。

では，つぎの2数の最大公約数を求めてみてください。

(679，1552)

 えっ，こんな数に約数があるの？　1と自分自身はわかるけど……。

 素因数分解するっていったって……。

むずかしいでしょう。しかし，どんな2つの数の最大公約数でもかんたんに求める方法があるのです。

12と30の場合で考えてみましょう。図のように，たて12，横30の長方形で考えることにします。

まず，たての長さ12で横の長さ30を測ります。もし，測りきれたら，12が最大公約数ですね。

この場合，余り6がでます。

この6で，こんどは12を測ります。2つとれて，測りきれました。この6が最大公約数です。

 そうか，1辺6の正方形で，この長方形がしきつめられるということにな

るんですね。

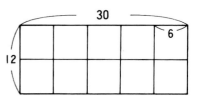

そうか。12が6で測りきれるなら，はじめに30を12で測ったときの2つ分も，もちろん6で測りきれるはずなのね。

そのとおりです。つまり，どんな2数でも，こうやっていけば，かならず最大公約数が見つかるわけです。

この方法は，つぎつぎと互いに除(じょ)していく（わっていく）方法なので**互除法**といいます。

さっきのわからなかった問題をやってみましょう。

```
         2                    3                  2
 679) 1552           194) 679           97) 194
      1358                 582               194
       194                  97                 0
```

確かめてみるわね。

$679 = 7 \times 97$, $1552 = 2 \times 2 \times 2 \times 2 \times 97$

ほんとうにあっているわ。

それでけっこうですが，なるべく労力を減らすのが数学ですから，除数を右に書いて計算していくやり方が考えられています。

なるほど，これは省エネ！

さて，互除法を使って，2数の最大公約数が求められれば，あとはかんた

互除法の計算法

```
    2        3        2
 1552 ( 679 ( 194      97

 1358     582      194
  194      97        0
```

んです。

最大公約数がわかれば，すべての公約数は求められますね。

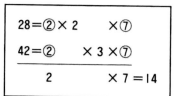

$$28 = ② \times 2 \quad \times ⑦$$
$$42 = ② \quad \times 3 \times ⑦$$
$$2 \quad \quad \times 7 = 14$$

そうですね。

共通な素因数をすべてかけあわせたものが最

大公約数ですから。たとえば，

28と42なら……14です。

そうです。つまり，いままでのことをまとめると，

① 1はすべての数の約数である

② 公約数は最大公約数の約数である

ということになります。そして，最大公約数が1である2つの数を「たがいに素で
ある」といいます。

3つの数の場合はどうするのですか。

はじめに2つの数で互除法をやり，その最大公約数と残りの数とで互除法
をやればいいのです。

では，すこし練習してみてください。

　　　（解答は254ページ）

1　次の各組の数の最大公約数を求めしょう。

① （189, 257）　　　　② （3161, 4469）

③ （10237, 17951）　　④ （24, 60, 84）

3 ● 「最小公倍数」のキャビン

●倍数メガネ

では，ここで，「最小公倍数」のキャビン
にはいることにしましょう。

倍数や公倍数については知っていますね。最小
公倍数もその意味はわかっているでしょう。

最小公倍数というのは，いくつかの整数
の倍数のなかで最小のもの，というわけでしょう。

正確にいうと，「0を除いた」というコト
バが必要ですね。

あらっ，この壁に「倍数メガネ」という
のがかかっているわ。

なになに，これは「2の倍数メガネ」か，
ちょっとのぞいてみよう。

なるほど，2の倍数だけが見える。

つまり，0から99までの整数が書いてある「倍
数台」に，2の倍数のところだけが見えるように
穴をあけた「2の倍数メガネ」をのせると，下か
ら2の倍数だけが見える，というものだね。

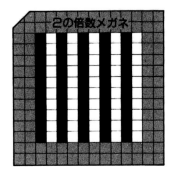

1つおきにきれいにならんでいるね。

ここに，いろいろな数の倍数メガネがあるわ。

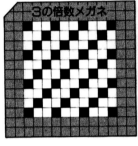
3の倍数メガネ

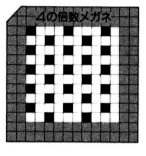
4の倍数メガネ

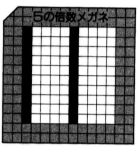
5の倍数メガネ

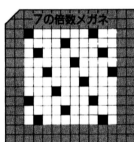
7の倍数メガネ

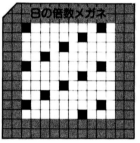
8の倍数メガネ

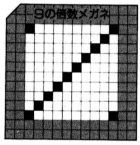
9の倍数メガネ

どうして，6の倍数メガネがないのかな……。

そうか，「2の倍数メガネ」と「3の倍数メガネ」
を2枚かさねて，それを「倍数台」にのせれば，6
の倍数が見えるんだな。

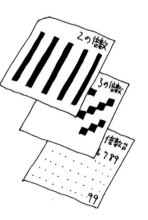

つまり，6は2と3の公倍数ということな
のね。

おもしろいから，いろいろとやってみましょうよ。

とても楽しそうでしたね。では，いまわかったことをまとめておいてください。

個条書きにしてみよう。公約数のときとおなじようになりますね。

① 0はすべての数の倍数である。

② 公倍数は最小公倍数の倍数である。

ほかにもいろいろあったわね。

たとえば，「4の倍数」は「2の倍数」にふくまれてしまうとか，9までの倍数メガネを全部かさねたら，「0」だけしか見えなくなったとか。

ほら，こちらの壁に「倍数のみつけ方」というのがあるよ。

2の倍数：末位の数が偶数

これは，100は2の倍数，

10は2の倍数

だから，末位の数が2の倍数なら，すべて2の倍数ということだね。

4の倍数：末位2けたの数が4の倍数

これは，100が4の倍数だから，末位2けたの数が4の倍数なら，すべて4の倍数ということだね。

10を4でわるとわり切れないけど，100ならわり切れるからね。

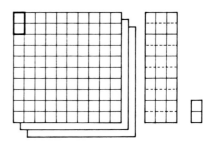

2の倍数⇄2個ずつの組にわけられる

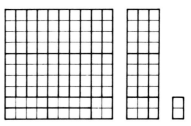

4の倍数⇄4個ずつの組にわけられる

5 の倍数：末位の数が 5 の倍数

これは，10は 5 の倍数だから，末位の数が 5 の倍数かどうかを調べればいい，ということね。

8 の倍数：末位 3 けたが 8 の倍数

これは，10や100は 8 でわるとわり切れないけど，1000ならわり切れるからね。

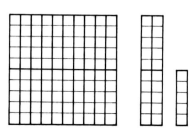

5の倍数⇄5個ずつの組にわけられる

 残りは，この方法ではできないね。

なぜなら，1000も100も10も，つまり，末位が 0 になる数は，素因数が 2 と 5 である数でしかわりきれないからだね。

$$1000 \div 8 = 125$$
$$4 \text{ケタ以上は } 8 \text{ でわりきれる}$$

 だから，あとはべつの方法でみつけなければならないわけね。

$$10 = 2 \times 5$$
$$100 = 2^2 \times 5^2$$
$$1000 = 2^3 \times 5^3$$
$$10^n = 2^n \times 5^n$$

 ぼくは，**9 の倍数**のみつけ方は知っていたけど，ここにかいてあるタイルの図をみたら，その意味がよくわかったよ。

たとえば，ここにある342の場合，9 個ずつにわけると，

100からかならず 1 個ずつ余り，

10からもかならず 1 個ずつ余る。

だから，一の位の数と，それらを

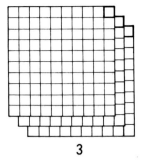

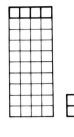

3   4   2

あわせたものが，9の倍数になれば
いいわけだよ。

 では，**3の倍数**もおなじね。

$100 \div 3 = 33$ 　あまり 1

$10 \div 3 = 3$ 　あまり 1

だから，243の場合，

　100で 2 個あまり，

　10で 4 個あまるから，

これと末位の 3 を加えた 9 は，3 でわりきれるか
ら 3 の倍数ね。

 6 の倍数はどうなるんだろう。

 6 は 2 と 3 の公倍数だから，それで調べ
るんじゃないかしら。

 そうか。

6 の倍数：偶数で各位の数の和が 3 の倍数

でいいんだ。

　では，いよいよ**7 の倍数**だ。……むずかしいや。

 7 の倍数のみつけ方は，ちょっと変わった
方法があるので紹介しておきましょう。

おもしろい方法ですが，実際にわってみるほうがは
やいですね。

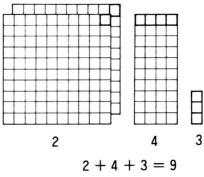

2 　　　　　4 　　3

$2 + 4 + 3 = 9$

7 の倍数のみつけ方

5551

↓

$555 - 1 \times 9 = 546$

$54 - 6 \times 9 = 0$

5551は 7 の倍数

● $(a, b)[a, b]＝ab$

　　いよいよ，この「整数」の国ともおわかれです。ここでは，記号のウマミと，最大公約数と最小公倍数の関係について，調べてみてください。

　　ここに，記号で書いた式があるよ。

　(a, b) というのは，2数 a, b の最大公約数ということで，$[a, b]$というのは，2数 a, b の最小公倍数ということを表わしているのか。

> $(a, b)[a, b]＝ab$
> 2数 a, bの最大公約数と最小公倍数との積は、2数の積と等しい。

　　そうです。このように，はじめに表現のしたかを約束しておけば，だれにでも「あることがら」が伝えられますね。

　では，この式の内容が正しいことを，実例をあげて説明してください。

　　たとえば，2数を52と78とすると，

　　　$(52, 78) = 2 \times 13$

　　　$[52, 78]＝2^2 \times 3 \times 13$

で，その積は，$2^3 \times 3 \times 13^2$。

　ところが，2数の積は，やはり，$2^3 \times 3 \times 13^2$です。

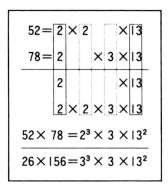

$$
\begin{array}{l}
52＝2 \times 2 \quad\quad \times 13 \\
78＝2 \quad\quad \times 3 \times 13 \\
\hline
\quad\quad 2 \quad\quad\quad \times 13 \\
\quad\quad 2 \times 2 \times 3 \times 13 \\
\hline
52 \times 78 ＝2^3 \times 3 \times 13^2 \\
26 \times 156＝3^3 \times 3 \times 13^2
\end{array}
$$

　　そのとおりですね。このことは，どんな場合もいえますから，一般に，

　　　$(a, b)[a, b]＝ab$

ということがいえるわけです。

　この「式」から，つぎのことがいえますね。

$$[a,\ b]=\frac{ab}{(a,\ b)}$$

この式の意味は，「2数の最小公倍数は，その2数の積を2数の最大公約数でわった値である」ということですね。

やっぱり，記号を使ったほうがかんたんだし，見ただけで「関係」がよくわかるわね。

これが，記号の「ウマミ」なんですね。

記号の「ウマミ」は，

① 簡潔である

② 見ただけでそのしくみがわかる

③ いろいろと式を変形してみることができる

ということですか。

うまくまとめてくれましたね。そのとおりです。これで「整数」の国の旅も終わりですが，これからも，数学のおもしろさ・楽しさ・有効性などをしっかりと学習してください。

長いあいだ，わたしのつたない案内におつきあいいただいたことを感謝して，お別れしたいと思います。ボン・ボワイヤージュ。

あとがき

　読者のみなさん，いかがだったでしょうか。

　ひとりでも多くの中学生が，「数が苦」ではなく「数楽」だと思ってくれるように
なってほしい，そして，現実の中学校の授業にも役立つようにと願いながら，この
本を書きました。

　この本には，

　　　　　　すべての子どもたちを賢く，すこやかに育てたい

と願って，そのための数学教育をつくりあげようと努力をしている，全国のわたく
しの仲間たちの多くの成果をいたるところでとり入れさせていただきました。

　また，30年にわたったわたくしの中学校教師としての仕事のなかで，授業をつく
る手助けをしてくれた多くのわたくしの「教え子」たちからも学ばせてもらったこ
とが，この本の土台になっています。

　わたくしの恩師であった，数学者の故・遠山啓先生は，晩年，学びたい人たちの
ために，ひとりで数学が学べるようにと，

　　　　　　　『数学ひとり旅』

という本を書かれる準備をされていましたが，その志をはたされないまま亡くなら
れました。

　〝そのかわり〟などとはとても申せませんが，そのご遺志の万分の一でも継ぎた
いと願って，せいいっぱいの力をだしきったつもりです。

　最後に，直接にこの本づくりで，わたくしをお助けくださった太郎次郎社の浅川

満さんと，友兼清治さん，則松直樹さん，本のデザインを担当してくださった趙淑仙さん，すてきなイラストを描いてくださった趙淑玉さんに心から感謝します。

1990年 5 月　　　榊　忠男

『数学ひとり旅』をリニューアルするにあたって，あらためて故遠山啓先生はじめ私をご指導くださった数学教育協議会の諸先生がたに感謝するとともに，今回の改訂にいろいろとお助けいただいた，浅川満さんと永易至文さんにもお礼を申し上げます。

2000年10月　　　榊　忠男

第1章

(14ページ)

1 ①0，②4，③1，④12

(21ページ)

1 マイナス5km（−5km）

(25ページ)

1 −2，−1，0，1，2

（3より小さい──→3は入らない）

(33ページ)

1 ①−6，②0，③−2，④−3，
⑤−7

2 成りたちません。たとえば，
2−5＝−3，5−2＝3　です。
「成り立たない」ということを説明す
るときは，例（ふつう反例といいます）
を1つだけあげればいいのです。

(43ページ)

1 逆数

2 ①16，②$\frac{3}{2}$，③45，④3

(48ページ)

1 ①5，②−6，③6，④1

2 ①(−3)−(−4)×(+2)＝5
　　(−3)−(+2)×(−4)＝5
②(+2)×(−3)²−(0)＝18

(53ページ)

1 ①変化前の値，②変化量

(57〜58ページ)

1 答は1通りとはかぎりません。一例

をつぎに紹介します。

①(−4)÷(−4)+(−4)
÷(−4)＝2

②{(−4)+(−4)+(−4)}
÷(−4)＝3

③(−4)×{(−4)−(−4)}
−(−4)＝4

④−{(−4)×(−4)−(−4)}
÷(−4)＝5

⑤{(−4)+(−4)}÷(−4)
−(−4)＝6

⑥−(−4)÷(−4)−(−4)
−(−4)＝7

⑦−{(−4)+(−4)}×(−4)
÷(−4)＝8

⑧(−4)÷(−4)−(−4)
−(−4)＝9

2

−1	+4	−3
−2	0	+2
+3	−4	+1

3 左から順に
① ＋，×，＋
② −，−，＋，×
③ ×，÷，＋，＋

4 ① 2数とも負の数。−1と−2な
ど。

② 絶対値が偶数で，符号が反対の2数。-2 と $+2$ など。

第2章

(71ページ)

$\boxed{1}$ ①19 ②8

$\boxed{2}$ ① $3x=8$, $x=\dfrac{8}{3}$
② $3x=6$, $x=2$

$\boxed{3}$ ① $4(2)+6=2(2)+10$から，2。
② $8(3)+1=5(3)+10$から，3。

$\boxed{4}$ チョコレート1箱の重さをxgとすると，
$6x+50=2x+50\times3$ から
$x=25$ $\qquad$ <u>25g</u>

(80ページ)

$\boxed{1}$ ① $8x-2x=15+9$,
$6x=24$, $x=4$
② $6x+3x=5-10$,
$9x=-5$, $x=-\dfrac{5}{9}$
③ $7x-3x=8$, $4x=8$,
$x=2$
④ $3x=7+2$, $3x=9$,
$x=3$

(87〜88ページ)

$\boxed{1}$ ① $3x+12=5x-6$, $-2x=-18$,
$x=9$
② $2x-3x+12=5$, $-x=-7$,

$x=7$
③ $2x-3x+3=2$, $-x=-1$,
$x=1$
④ $3-x+2=1$, $-x=-4$,
$x=4$

$\boxed{2}$ ① $-x\underline{+}y$ ② $x\underline{-}y$

(97ページ)

$\boxed{1}$ ① $5x-2x=-7-3$,
$3x=-10$, $x=-\dfrac{10}{3}$
② $5x+3=2x-6$,
$3x=-9$, $x=-3$
③ $4x-18=50-13x$,
$17x=68$, $x=4$
④ $2x+2=x+3$, $x=1$
⑤ $2(2x-1)=3(x+2)$,
$4x-2=3x+6$, $x=8$
⑥ $2(2x-1)=3(x+7)$,
$4x-2=3x+21$, $x=23$
⑦ $3(3x-1)-2(2x-3)=6$,
$9x-3-4x+6=6$,
$5x=3$, $x=\dfrac{3}{5}$
⑧ $4-(3-x)=6x+6$,
$4-3+x=6x+6$
$-5x=5$, $x=-1$

$\boxed{2}$ ① $2x-\dfrac{x-4}{3}=x-1$
$3\times2x-3\times\dfrac{x-4}{3}=3\times(x-1)$
$6x-x\underline{+4}=3x-3$
$6x-x-3x=-3\underline{-4}$
$2x=-7$

$$x = -\frac{7}{2}$$

② $0.5x + 1 = 0.2(x - 1)$

$$5x \underline{+10} = 2\,(x - 1)$$
$$5x \underline{+10} = 2x - 2$$
$$5x - 2x = -2 \underline{-10}$$
$$3x = \underline{-12}$$
$$x = \underline{-4}$$

(107ページ)

1 ① $2a + 2\,(a + 5)$
$$= 2a + 2a + 10$$
$$= 4a + 10 \text{ (cm)}$$

② $a \times \dfrac{10}{60} = \dfrac{1}{6}\,a \text{ (km)}$

③ $a \times \dfrac{\text{p}}{100} = \dfrac{a\text{p}}{100} \text{ (円)}$

(116ページ)

1 卵1個の値段を x 円とすると，
$$40x - 110 = 30x + 120$$
$$10x = 230$$
$$x = 23 \qquad \underline{23円}$$

2 Aの水量を $x\ell$ とすると，
Bの水量は，$1.3x\ell$
Cの水量は，$0.85x\ell$
$$1.3x = 0.85x + 36$$
$$0.45x = 36$$
$$x = 80 \qquad \underline{80\,\ell}$$

3 A，B間の距離を x km とすると，
$$\frac{x}{40} + \frac{100 - x}{30} = 3$$
$$3x + 4\,(100 - x) = 360$$
$$3x + 400 - 4x = 360$$
$$3x + 400 - 4x = 360$$

$$-x = -40$$
$$x = 40 \qquad 40\text{km}$$

第3章

(130〜131ページ)

1 ① $3x + 5$

② $4x - 3$

③ $\dfrac{10}{3}\,x + \dfrac{22}{3}$

④ $-2x + 3$

（ヒント：x の値を1つずつ増やしたときの y の変化する値が○になります。）

2 ① $y = 5x + 3$

② x ―― 5,
y ―― -2, 53

(136ページ)

1 ① $y = 0.2x$

② 空気1㎥あたりの酸素含有率

(146ページ)

1 $y = ○\,x$ とすると，
$$-14 = ○\,(2),$$
$$○ = -7,$$
$$y = -7x$$

2 くぎ1本の重さは3g，
1gの代金は0.3円，
くぎ x 本の重さは $3x$ g，
$3x$ g の代金は，$0.3 \times 3x = 0.9x$
$$y = 0.9x \text{ (円)}$$

(156ページ)

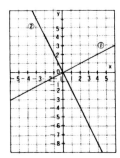

1

2 ① （比例定数が正）

（162ページ）

1 ⑦——②, ④——⑤, ⑦——③,
　　㋓——①, ㋔——④

2 ① $y=3x$, ② $y=-x$,
　③ $y=\frac{3}{5}x$, ④ $y=-\frac{1}{3}x$

（170ページ）

1 ① 風呂の容量は$10×24=240\ell$だ
　　から,
　　　$240÷20=12$　　　12ℓ
　② $y=\frac{240}{x}$
　③ $20<y\leqq48$

（174ページ）

1 ① $y=\frac{3}{4}x$, ② $y=\frac{12}{x}$,
　③ $(-4,-3)$
　④ ⑦と交わる点のy座標は,
　　$\frac{3}{4}×6=\frac{9}{2}$
　　④と交わる点のy座標は,
　　$\frac{12}{6}=2$
　　$PQ=\frac{9}{2}-2=\frac{5}{2}$　　　$\frac{5}{2}$cm

第4章

（178ページ）

1 ① 　$\ell /\!/ m$　③
　② 　$AB\perp CD$

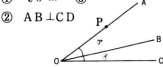

　④ 　$\angle AOB=2\angle BOC$

2
　① 　$CD=2BC=2AB$だから,
　　　　$AB=15$cm
　② 　$CD=2AB$ $(AB=\frac{1}{2}CD)$
　③ 　60cm

（187ページ）

1

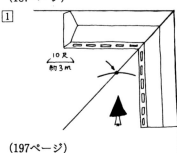

（197ページ）

1
　①の周の長さ
　　＝（半径20cmの円周）
　　＋2（半径10cmの円周）
　　$=2×20×\pi+2×2×10×\pi$
　　$=80\pi$（cm）
　①の面　積

= (半径20cmの円の面積) − 2 (半径10cmの円の面積)

$= 20^2 \times \pi - 2 \times 10^2 \times \pi$

$= 200\pi \, (\text{cm}^2)$

②の周の長さ

= 2 (半径10cmの半円の弧)

+ 2 (半径5cmの半円の弧)

= (半径10cmの円周) + (半径5cmの円周)

$= 2 \times 10 \times \pi + 2 \times 5 \times \pi$

$= 30\pi \, (\text{cm})$

③の面　積

= 2 {(半径10cmの半円の面積)

− (半径5cmの半円の面積)}

= (半径10cmの円の面積) − (半径5cmの円の面積)

$= 10^2 \times \pi - 5^2 \times \pi$

$= 75\pi \, (\text{cm}^2)$

③の周の長さ

= (半径10cmの円周)

$= 2 \times 10 \times \pi$

$= 20\pi \, (\text{cm})$

③の面　積

= (一辺20cmの正方形の面積) − (半径10cmの円の面積)

$= 20^2 - 10^2 \pi$

$= 400 - 100\pi \, (\text{cm}^2)$

④周の長さ

= 2 (半径10cm, 中心角90°のおうぎ形の弧)

$= 2 \times 2 \times 10 \times \pi \times \dfrac{90}{360}$

$= 10\pi \, (\text{cm})$

④の面　積

= 2 {(半径10cm, 中心角90°のおうぎ形の面積)

− (底辺10cm, 高さ10cmの直角2等辺三角形の面積)}

$= 2 \left(10^2 \pi \times \dfrac{90}{360} - \dfrac{1}{2} \times 10 \times 10 \right)$

$= 2 (25\pi - 50)$

$= 50\pi - 100 \, (\text{cm}^2)$

(201ページ)

1　①AD, BC, FG, EH

②平面EFGH

③AD, EH, AE, DH

④EF, CD, GH

⑤AE, DH, EF, HG

第5章

(240ページ)

1　①1, ②109, ③29, ④12

●図版提供

　　日本評論社（17・56・221・235 ページ）

数学ひとり旅　中学１年

1990年６月20日　　初版発行
2011年３月10日　　第14刷発行

著者────────榊 忠男

装丁者───────趙 淑仙

イラスト──────趙 淑玉

発行所───────株式会社太郎次郎社エディタス
　　　　　　　　　東京都文京区本郷４-３-４-３Ｆ
　　　　　　　　　電話 03（3815）0605　www.tarojiro.co.jp/
印字────────福田工芸株式会社〈本文〉＋カネコ〈見出し類〉
印刷────────モリモト印刷株式会社〈本文〉＋株式会社精興社〈装丁〉
製本────────難波製本株式会社
定価────────カバーに表示してあります。

旅する気分で数"楽"しよう！　全3巻

◎この本の4つの特長

★数学の苦手なキミも，「わかって」「できる」，だから，「楽しい」。
★学ぶ方法が，主人公の中学生2人と問題を考えるうちに身につく。
★ひとりで中学数学の基礎がマスターできるので高校生の復習にも最適！
★旅のおともには『らくらく数学テキスト』(小社刊)。これで，高校受験までOK！

HIROKO

数学ひとり旅

榊 忠男

TOMOKI

中学校 学年別 全3巻
A5判・平均264ページ
定価2500円＋税

NAZONO
ANNAININ

上から見ると ○
正面から見ると □
横から見ると △
この物体は
何でしょう？

本書はプリント・オン・デマンド版です。
一部奥付に記載されている情報と異なる場合がございます。

連絡先：株式会社　三省堂書店　オンデマンド担当
メールアドレス：ssdondemand@mail.books-sanseido.co.jp